炼化一体化项目施工技术

——广东石化炼化一体化项目施工技术总结

中国安能集团第一工程局有限公司　组编

田战锋　吴维明　主编

中国水利水电出版社
www.waterpub.com.cn
·北京·

内 容 提 要

本书全面总结了广东石化炼化一体化项目施工技术，并对关键技术及新材料的运用进行了系统阐述。全书共十一章。第一章介绍了项目总体情况，工程施工特点与难点，以及主要施工方案。第二章至第十一章根据工程施工的特点及难点，介绍和总结了各标段设备基础和建筑物主要采取的施工方案，重点介绍了基坑开挖及支护、钢筋连接技术、大体积常态混凝土温度控制技术、危大模板工程、薄壁混凝土高墙一次成型浇筑施工、工艺管道工程、装饰装修工程、屋面防水工程、矩形薄壁通风管道安装工程以及公用工程水池施工技术的基本情况、具体施工方案及方法、施工方案优缺点以及施工经验，还介绍了工程施工建设中采用的新技术、新材料、新工艺以及施工质量控制措施。书后附录施工大事记和主要技术成果。

本书可供从事建筑工程管理、工程施工、工程技术、工程研究以及建筑材料研究、生产、销售等工作的人员使用，还可供其他工程领域的从业人员参考借鉴。

图书在版编目（CIP）数据

炼化一体化项目施工技术 : 广东石化炼化一体化项目施工技术总结 / 田战锋, 吴维明主编 ; 中国安能集团第一工程局有限公司组编. -- 北京 : 中国水利水电出版社, 2023.9
ISBN 978-7-5226-1630-8

Ⅰ. ①炼… Ⅱ. ①田… ②吴… ③中… Ⅲ. ①石油化工企业－建筑施工 Ⅳ. ①TU276

中国国家版本馆CIP数据核字(2023)第129051号

书　　名	**炼化一体化项目施工技术** ——广东石化炼化一体化项目施工技术总结 LIANHUA YITIHUA XIANGMU SHIGONG JISHU ——GUANGDONG SHIHUA LIANHUA YITIHUA XIANGMU SHIGONG JISHU ZONGJIE
作　　者	田战锋　吴维明　主编　中国安能集团第一工程局有限公司　组编
出版发行	中国水利水电出版社 （北京市海淀区玉渊潭南路1号D座　100038） 网址：www.waterpub.com.cn E-mail：sales@mwr.gov.cn 电话：（010）68545888（营销中心）
经　　售	北京科水图书销售有限公司 电话：（010）68545874、63202643 全国各地新华书店和相关出版物销售网点
排　　版	中国水利水电出版社微机排版中心
印　　刷	天津嘉恒印务有限公司
规　　格	184mm×260mm　16开本　12印张　263千字
版　　次	2023年9月第1版　2023年9月第1次印刷
定　　价	**68.00**元

编　委　会

主　任： 卢明安

副主任： 唐洪军　由淑明　王平武　赵玉鄂

主　编： 田战锋　吴维明

参　编： （以姓氏笔画为序）

山　语　王　志　车　飞　叶龙生
冯潇潇　李　力　李　军　杨运武
吴西家　何子张　何建明　卓战伟
周　强　赵　灿　赵志旋　柴喜洲
蒋昊楠　覃柏钧　薄明波

前言

随着我国建筑行业的飞速发展，建筑结构的形式和施工要求也发生着变化，如何快速、高效、安全、环保地完成施工任务是每个建筑施工企业追求的目标，因此能够提高社会效益和经济效益的新工艺、新技术、新材料、新设备不断涌现并在施工实践中逐步得到应用。为了促进和推动全国建筑行业施工技术进步，给涉及类似项目的工程提供经验，也为了提高本企业转型以后的技术水平，更好地履行职能使命，中国安能集团第一工程局有限公司对承接的广东石化炼化一体化项目施工技术进行总结并编撰本书。

广东石化炼化一体化项目由中国石油集团公司和委内瑞拉 PDVSA 公司合资建设，是双方上中下游一体化合作的下游配套项目，是中国石油集团公司贯彻国家能源安全战略，利用“两种资源”“两个市场”，建立上中下游一体化国际合作模式，建设综合性国际能源石油公司的重要举措。

中国安能集团第一工程局有限公司承接的 7 个标段施工共历时两年，克服了一道道技术难题和各种客观因素的影响，如期实现了工程建设目标。本书中涉及的关键施工技术主要为：超过 5m 深土基坑降水及拉森钢板桩支护施工；钢筋搭接、焊接、机械连接等连接技术；大体积混凝土从原材料到养护整体施工过程的温控措施；超过 8m 高危大模板脚手架支撑验算、施工、验收技术措施；薄壁混凝土高墙一次成型浇筑长条流水作业、分段循环布料施工技术；工艺管道先预制组对再进行安装施工技术；装饰装修施工技术；屋面防水采用陶粒混凝土等新材料施工技术；矩形薄壁风道按结构分段组合安装技术；公用工程地下式钢筋混凝土水池施工技术。以上施工技术及新材料均在广东石化炼化一体化项目中得到实践应用，取得了良好的经济效益和社会效益。

本书在出版过程中得到了中国石油天然气股份有限公司广东石化分公司

的大力支持和帮助，广东石化炼化一体化项目其他参建单位及专业工程师在书稿编撰过程中给予了支持和配合，在此向他们一并表示诚挚的感谢！

由于作者专业水平和工作经验有限，书中不足之处在所难免，恳请读者批评指正并提出宝贵意见。

作者

2023年4月

目录

第一章
项目概述

第一节 工 程 简 介

广东石化炼化一体化项目由中国石油集团公司和委内瑞拉 PDVSA 公司合资建设，是双方上中下游一体化合作的下游配套项目，是中国石油集团公司贯彻国家能源安全战略，利用“两种资源”“两个市场”，建立上中下游一体化国际合作模式，建设综合性国际能源石油公司的重要举措。该项目选址在广东省揭阳市惠来县沿海的中西部，东从神泉港起，西至溪西镇西湖高速公路入口，北至东陇镇赤洲村、隆江镇见龙村，南临南海，海岸线长约 7km，总规划面积 73km^2。中国安能集团第一工程局有限公司局广东石化炼化一体化项目部（以下简称“项目部”）主要承担化工区围墙工程、化工区雨水收集池土建及安装工程、260 万 t/a 芳烃联合装置一标段土建项目、厂前区生产管理楼和综合宿舍楼工程、炼油区第二循环水场工程、60 万 t/a ABS 及其配套工程、炼油区供电照明工程。

化工区围墙工程建设任务主要包括：化工区（火炬区）厂区周围非燃烧实体围墙，化工区西南、东南、东北、西北方向 4 座大门及门卫室，化工区 2 处卫生间，火炬区 2 座平开门。

化工区雨水收集池（含化工区事故水转输池）位于整个炼化项目化工区的东北角，其西侧、南侧均为预留地，北侧、东侧为厂区道路，靠近厂区边缘，占地约 21000m^2。变电所位于整个炼化项目化工区的东北角，其西侧、南侧均为预留地，北侧、东侧为厂区道路，靠近厂区边缘，占地约 214m^2。

260 万 t/a 芳烃联合装置建筑面积为 20502m^2，承建内容为：100 区六联合机柜室、六联合变电站、6 号含油污水预处理站等主项区域内全部建、构筑物工程及配套水、电、暖通工程，特定条件下的施工措施，在中间交接以及上述全过程的管理、联动试车、投料试车中对发包人/业主的配合、指导与支持服务，验收交付生产，以及在缺陷责任期内的消缺等工作，但不含区域内的设备及管廊钢框架、轻钢及金属板围护、

全厂主干道路、雨水沟、地下管网及其附属构筑物等。

厂前区生产管理楼占地面积约 4344.3m²，建筑面积约 11929.5m²，建筑主体高度 19.20m。该建筑共四层，首层设置各部门资料室、信息机房等主要用房以及空调机房、变配电室等辅助用房。二层设有与首层对应的信息中心、HSE 中心和炼油生产、公用工程办公室。三层设有 LNG、炼油生产办公室、管理办公室和 POX 运行部。四层设有 OTS 室、PMT 室、储运部、化工部以及吉化 ABS、丙烯腈办公室。局部高出屋面用房为上屋面楼梯间。厂前区综合宿舍楼建筑轴线长度设计为 42m，宽度为 50.4m。该建筑占地面积约 1463.72m²，建筑面积约 6570.56m²，建筑主体高度 16.5m。该建筑共四层，首层设置的管理性房间有物业管理办公室、安全培训室、办证室、安防巡检办公室、协作单位办公室和会议室等，服务性房间有医疗服务站、洗衣房、烘干室、卫生间等。二层主要设置房间为男女工服更衣室、卫生间、楼梯间等。三层主要设置房间为男女淋浴间及男女更衣室。四层设置房间为宿舍、管理室、卫生间等。

炼油区第二循环水场（含机柜间）位于炼油区中部，主要向三联合、四联合、五联合、六联合等供给循环冷却水，场内分为两个独立循环水系统：三、四联合循环水系统和五、六联合循环水系统。三、四联合循环水系统的统计循环冷却水用水量为 33172m³/h（正常）、40000m³/h（最大），设计规模 40000m³/h；五、六联合循环水系统的统计循环冷却水用水量为 13181m³/h（正常）、20000m³/h（最大），设计规模为 20000m³/h；第二循环水场设计规模共计为 72000m³/h。

60 万 t/a ABS 及其配套工程为中国石油集团公司在广东揭阳大南海石化工业区实施广东炼化一体化项目的配套工程，主要包括 60 万 t/a ABS 装置、13 万 t/a 丙烯腈装置、0.4 万 t/a 乙腈装置、5 万 t/a 甲基丙烯酸甲酯装置、15 万 t/a 废酸再生装置。本施工组织总设计主要针对 ABS 项目公用工程和辅助工程而编制，主要包括公用工程（ABS 循环水场、初期雨水池、生活污水池、街区给排水、界区工艺及供热外管、界区电信系统以及总图与道路工程）和辅助工程（机柜间、变电所、仓库、润滑油站、泡沫站及雨淋阀区、装卸车栈台以及充电桩等项目）。本工程项目建设规模大，占地面积广。项目部主要承建辅助工程的备品备件库、ABS 协议品收集单元、SAN 协议品收集单元、空桶存放库、废固暂存仓库、泡沫站、充电桩等。

炼油区供电照明工程主要包括：炼油区供电及照明（部分）工程（即以 18 号路为界，18 号路及 18 号路以西）的部分采购和施工，配合业主联动试车、投料试车、开车和性能考核等工作；完成竣工资料及结算资料的编制；承担质量保修期内的质量保修责任及承包单位安排的其他工作。

第二节　施　工　条　件

一、建设地点

项目建设地点位于广东揭阳（惠来）大南海国际石化综合工业园内，东临龙江改河，南临南海，西临西溪镇，北临隆江镇。距离惠来县城约 30km，距离广州市约 450km。地处北回归线以南，属南亚热带季风气候，高温湿润，夏季长，秋季短，日照时数长，季节性不明显。年平均气温 21.8℃，最热月份为 7 月，平均气温 28℃，极端高温 38.4℃。每年 5—8 月多为雨期，占全年降雨量的 88%，常在春夏之交发生洪涝。厂区土质为粉细砂，地下水稳定水位埋深浅，地下水水位埋深为 0.50～4.80m，地下水稳定水位标高为 2.82～7.86m。

二、防洪排涝

根据《揭阳大南海石化工业区总体规划（2020—2035 年）》《揭阳大南海石化工业区石化产业片区控制性详细规划》《揭阳大南海石化工业区竖向专项规划》，龙江改河西岸在中石油厂区防洪标准为 200 年一遇；龙江西岸沿海公路以南堤防设防标准为 100 年一遇；沿海公路以北地区堤防设防标准为 100 年一遇；水厂、污水处理厂、220kV 变电站、消防站防洪标准为 100 年一遇。工业园区的铁路、过江桥梁防洪标准为 100 年一遇，以 200 年一遇校核。

城市建设用地排涝标准为 20 年一遇 24h 暴雨不受涝。考虑到炼化一体化项目的特殊性，排涝标准按照 50 年一遇厂内不积水设防，厂区临海区域防波堤和防浪堤设施由当地政府负责建设。

三、台风、防海潮

影响广东地区的台风有两类：一类来自西太平洋，另一类是在南海海域生成的。西太平洋每年平均发生台风 28 个，7—10 月为台风盛行季节，高峰期在 8 月，南海生成的台风强度较弱，年平均 5 个。

防海潮标准为 100 年一遇。

四、交通运输条件

1. 公路

揭阳市境内现有深汕高速公路和普惠高速公路，其中深汕高速公路在惠来东港、隆江、惠城、仙庵设立 4 个出入口，由隆江出入口可达厂址附近。

途经惠来县的公路有国道 G324 线（福昆线）、省道 S236 线（揭神线）、省道 S337 线（广葵线）、省道 S338 线（溪金线），惠来沿海有县道 X106（庵泉线）。惠来县目前已形成以高等级公路为骨架、一级公路为主干，沟通珠江三角洲、江西、湖南等中部省份以及福建、浙江和长江三角洲地区的公路网络。

根据《揭阳市公路网规划（2006—2030 年）》及 2015 年前的建设计划，揭东至惠来（潮汕机场至神泉港）高速公路规划里程 68km（其中惠来段 23km），双向六车道，是揭阳潮汕机场和惠来县神泉港的重要疏港公路。惠来沿海县道 X106（庵泉线）规划为沿海一级公路，连通惠来沿海各港口；规划揭东至惠来（潮汕机场至神泉港）高速

公路和沿海一级公路可达厂址附近。

2. 铁路

揭阳市境内有广梅汕铁路和厦深铁路。

厦深铁路与全国铁路干线网联为一体，是我国东南沿海铁路的重要组成部分，是连接上海、浙江、福建、广东及港澳地区的快捷铁路通道。全长 502km，Ⅰ级铁路标准，双线，设计时速 200km/h，基础预留 250km/h。厦深铁路在揭阳境内设有普宁、葵潭两个车站，从惠来乘火车到深圳和厦门分别只需 60 分钟和 90 分钟。

按照揭阳市规划，自厦深铁路葵潭站至揭阳（惠来）大南海国际石化综合工业园建设一条专用铁路线，规划的专用铁路线长 22km。

3. 海运

惠来县沿海港口主要有神泉、靖海、资深港，大部分岸线比较平顺，深水岸线较长，靖海港至神泉港之间已建粤电惠来电厂码头。

揭阳市已向国家口岸办申报将神泉港区列入国家一类对外开放口岸，神泉港可直通我国沿海各地和世界各港。神泉港规划区距主航道约 6nmile（11.1km），至汕头 40nmile（74.1km）、厦门 137nmile（253.7km）、广州 237nmile（438.9km）、香港 119nmile（220.4km）、高雄 220nmile（407.4km）。在广东省航运规划设计院 2005 年编制的《揭阳市港口总体规划》中，揭阳（惠来）大南海石化工业区区域范围的海岸线基本是油气化工岸线和码头预留岸线，30 万 t 原油码头选址区域规划为码头预留岸线。

根据广东省航运规划设计院编制的《揭阳市港口总体规划》，揭阳（惠来）大南海石化工业区区域属揭阳港南海作业区。该作业区功能定位是以油品、石化产品等能源类货物装卸、中转为主的专业化作业区，岸线规划为码头岸线，惠来县靖海港至神泉港之间的海岸线，包括石碑山灯塔区域、大南海（神泉）区域、前詹区域、资深作业区等。

4. 航空

距揭阳市最近的机场为汕头机场和揭阳潮汕机场。

惠来县城距汕头机场约 90km。揭阳潮汕机场位于揭阳市揭东县登岗镇与砲台镇交界处。厂址距潮汕机场的距离约为 113km。

五、气象条件

1. 大气压

项目所在地大气压参数如下。

年平均气压：101.18kPa；

月平均最高气压：101.89kPa；

月平均最低气压：100.40kPa；

极端最高气压：103.20kPa；

极端最低气压：96.44kPa。

2. 气温

项目所在地气温参数如下。

年平均气温：22.0℃；

极端最高气温：38.4℃；

极端最低气温：1.5℃；

年平均最高气温：35.7℃；

年平均最低气温：4.8℃；

累年平均高温日数（≥35℃）：2d；

高温天气最长持续日数：4d；

最热月（7月）平均气温：28.2℃；

最冷月（1月）平均气温：14.5℃；

最热月（7月）平均最高气温：34.9℃；

最冷月（1月）平均最低气温：6.1℃；

湿球温度：27.7℃；

干球温度：36℃。

3. 降水

项目所在地降水参数如下。

年平均降雨量：1772.5mm；

1h最大降雨量：101.5mm；

24h最大降雨量：383mm；

年平均降雨日数：122.1d；

多年平均大雨/暴雨日数：21.4d/8.7d；

累年平均雷暴日数：54.8d；

年雷暴最多日数：84d；

年雷暴最少日数：28d。

4. 地震设防

项目所在地地震设防参数如下。

抗震设防烈度：7度；

设计基本地震加速度值：0.1g；

设计地震分组：第二组；

场地类别：Ⅱ类；

厂址下垫面粗糙度类别：B（炼油）。

第三节　工程施工重难点及解决措施

项目部共承担 7 个施工项目，分别是：化工区围墙及挡土墙工程、化工区雨水收集池土建及安装工程、260 万 t/a 芳烃联合装置一标段土建项目、厂前区生产管理楼和宿舍楼工程、炼油区第二循环水场工程、60 万 t/a ABS 及其配套工程、炼油区供电照明工程。各施工项目所在位置、施工条件、自有建筑特点等各不相同，因此施工重点与难点也各有不同。

一、化工区围墙及挡土墙工程

1. 工程重点

围墙施工线路长，工序多，工程量大，直接影响本工程工期，是本工程施工重点。在施工中，合理组织资源，采用多工作面分段流水作业，确保工程按期完成。

2. 工程难点

（1）毛石挡土墙施工。毛石挡土墙在开挖沟槽内施工，工作面狭小，断面大，两侧均为土方边坡，施工难度大，且需全过程监测边坡的稳定。施工时逐段进行沟槽开挖，挡墙砌筑和土方回填。

（2）施工干扰。本工程为广东石化炼化一体化项目组成部分，场内多工种多专业项目同时施工，各项目之间容易产生干扰。在施工过程中，服从业主、监理指示，主动与本工程联系密切的其他工程项目施工单位取得联系，就容易产生干扰的因素进行沟通协调，相互配合，确保本工程及友邻工程顺利进行。

（3）雨季施工。本工程位于广东省揭阳市境内，施工期恰逢雨季，容易对强夯土方基础强度造成破坏。在施工现场做好排水工作，尽量减少雨水对基础的影响。

二、化工区雨水收集池土建及安装工程

1. 工程重点

雨水收集池长度长，池深超过 5m，工程量大，直接影响本工程工期，是本工程施工重点。在施工中，优化施工方案，合理组织资源，采用多工作面分段流水作业，确保工程按期完成。

2. 工程特点及难点

（1）项目地处海边，常受台风和热带气旋侵袭，高温、多雨、多雷电，相对湿度大，对现场施工影响很大。焊接、土建工程将会受到不同程度的影响，采取措施保证成品质量。现场地耐力低，地下水位高，土方开挖和基础施工都需要采取特殊的措施，如：井点降水和地基压实等措施，具体内容见专项施工方案，保证施工安全。

（2）由于项目地处南海之滨，夏季高温炎热、多雨多台风，雨季施工难度大，特

别对基础开挖、焊接质量控制要求极高。施工管理重点是基础开挖、特种作业人员资质、焊材、焊接工艺和检测。

(3) 项目建设地点土质为粉砂，地下水位高，极易导致基坑坍塌，降水施工方案、实施和安全管理是项目管理的重点。项目地处海边，雨季长、雨量大且台风较多，对在建工程安全措施等方面编制专项预案，避免造成损失。

三、260 万 t/a 芳烃联合装置一标段土建项目

（一）工程重点

本工程重点为变电站、机柜间、压缩机设备基础等建筑物，需为后期设备安装提供工作面，各部位要同步进行施工。在施工中，优化施工方案，合理组织资源，采用多工作面分段流水作业，确保工程按期完成。

（二）工程难点

1. 深基坑开挖支护

本项目 6 号含油污水预处理站基坑开挖深 5.6m，属于危大工程。场地土层岩性复杂多变、地下静止水位高、水池防水等级高（防水等级二级），施工适逢当地多雨季节施工。存在场地土层岩性差、黏聚力低、基坑暴露时间长、基坑排水周期长和施工工艺顺序需要间隔时间长等难点。基坑支护钢板桩排桩墙水平、竖向位移，排桩墙止水渗漏；边坡护坡；基坑降排水；基坑监测和有支护基坑土方开挖等是重点。

根据本项目特点，支护体系为放坡大开挖加钢板桩排桩墙支护，钢板桩规格为Ⅳ型 400mm×170mm×15.5mm×12000mm，嵌入土层厚度为 8.9～9.4m，围檩、角撑对撑规格为 400mm×400mm×13mm×21mm，应急预防材料对撑（钢筋型钢单八字体系）使用竖向一层对撑、对撑横向间隔 8m 设置一道，放坡系数为 1∶1.5，放坡高度为 3m，台阶宽度为 2m。基坑降水均采用基坑外二级轻型降点降水＋坑顶、坑底集水明排法降水，水位降低标准降低至各设备基础、水池设计基底标高下 0.5～1.0m。基坑监测分为实体检查和仪器监测，仪器监测分别对基坑支护水平、竖向、地下水位及地面变形进行监测。

2. 含油污水池防渗

水池的防水等级要求很高，主体结构均为抗渗混凝土（P8），还要结合柔性防水层来保证水池的抗渗性能。由于水池的池壁相对较薄（350mm），施工难度较大，而混凝土自身性质、和易性、施工工艺、现场操作等方面稍有不当就会使主体混凝土防水失败，即使采取了表面防水层等补救措施，水池也有可能发生渗漏。

根据对同类工程的调查，分析水池主体混凝土产生缺陷的主要原因，针对薄壁混凝土浇筑的特点从混凝土配合比选定和施工工艺等方面做出了防止渗漏的技术措施。主要为合理选择原材料和混凝土配合比、必须分层分段浇筑、层段之间浇筑间隔不得超过初凝时间、全面细致进行振捣、养护时间不得少于 14d、施工缝高于底板 30cm 等。

四、厂前区生产管理楼和宿舍楼工程

(一) 工程重点

厂前区生产管理楼和宿舍楼是供建设、运维等工作人员工作生活的场所，需要及时完工提供，工期紧，保质保量并且按期完成是本工程重点。为此，采取了确保工程进度计划的技术组织措施、完善的施工准备保障措施、分段分块交叉作业保障措施、使用先进的施工方案保证措施、科学的管理与控制手段保证措施。

(二) 工程难点

1. 地质情况复杂

区内的地层和岩性较复杂，第四系松散层主要由第四纪的风积层、海积层、冲积层和残积层组成，第四系厚度30～40m；基岩主要为燕山期中粗粒黑云母花岗岩。根据《建筑抗震设计规范》(GB 50011—2010) 初步判定，厂址区域为中软场地土，建筑场地类别为Ⅱ类。厂址地下水主要受季节性降水及场地起伏、高差大的影响。厂址地下水稳定水位埋深为1.10～4.00m，地下水稳定水位标高为2.33～10.86m。

(1) 根据地质勘查报告及强夯处理后的检测报告，宿舍综合楼所在区域地面下3.0～4.0m有1.0～2.0m厚的②2层松散细砂层，该层地基承载力仅有100kPa。②2层下其余各层强夯后的地基承载力约200kPa。

(2) 宿舍综合楼基础埋深取－2.0m，基底下存在的1.0～2.0m厚②2层松散细砂层予以挖除，并采用级配砂石回填至设计标高。

(3) 沉降缝设置：用于调整地基初期不均匀沉降，依据设计要求设置。

2. 室内防水

宿舍楼淋浴间、卫生间、阳台等考虑室内防水工程。设4mm厚SBS防水卷材，管根用建筑密封膏封严，防水层至立墙与楼面转角处卷起200mm，并做好防水交接处理。卫生间加气混凝土砌块墙面洗池、洗面盆部分应做防水处理，采用1.2mm厚聚氨酯防水涂料，墙面防水层设置高度1100mm，并与楼面防水层贯通。有出水口及地漏的楼面均做1%的坡度坡向地漏或出水口。

五、炼油区第二循环水场工程

(一) 工程重点

本工程部分为地下构筑物，防水要求相当高，全部必须通过满水（即关水）试验，所以在施工中必须对材料的选择、混凝土的试配、现场搅拌的质量、混凝土浇筑、养护等各个环节周密安排，精心施工，特别是水池专业性强，底板及侧壁都配有大量的导管，更加大了防水施工的难度，因此，进行此部位施工时需更加引起重视，以保证整个工程的防水质量。

(二) 工程难点

1. 设备吊装

本装置内设备吊装具有“高、密”等特点，部分材料及管道多为塑料材质，不具有抗过热、过冷、冲击等特点，尤其是塔体的浇筑施工。

精心组织施工，合理安排设备进场时间、顺序、摆放位置、设备上平台预制深度和吊装次序，合理选择吊装机械和吊装工艺，保证高、重设备一次吊装就位，以减少大型吊装机械台班和高空作业工作量。同时组织精干施工队伍严把质量关，精心施工，确保一个优质工程。

2. 管道安装、合金钢管道焊接

循环水装置工艺管道采用了多种材质，属复合型管道。此类管道的焊接安装是本工程的关键，本公司选择组织优秀焊工及管工来进行施工。采取管子坡口机等专用机械加工坡口，采用先进的焊接方法和工艺焊接管道。加大管道预制深度以减少现场固定焊口数量，严把焊前预制及焊后处理质量关，确保管道焊接、安装质量。

3. 材料物资的管理

管道材料配件、设备内部构件数量大、品种多，材质种类多，是本工程的一大特点。因此，如何防止用错、用混各种材料及配件是施工中的关键和难点。对合金钢、不锈钢材质的管材、阀门、螺栓、管件、设备内构件等要进行严格的材质复验，并且建立严格完善的器材管理制度和系统的标识、移植方法，这是确保工程质量的关键。

4. 基坑开挖和降排水

本工程冷水池及污水提升池基础开挖深度大，最大开挖深度为6m，根据现场地质情况，地下水位较高。因此在开挖施工前，先进行轻型井点法降水和明沟排水的方法降低地下水位，且在施工的全过程监测边坡的稳定。

六、60 万 t/a ABS 及其配套工程

1. 工程重点及难点

（1）公用工程和辅助生产设施施工面较散，整体施工不是很集中。

（2）本项目单位工程多，分布零散，出图时间不确定，各个工作面施工不能及时衔接。

2. 解决的措施办法

安排熟悉施工顺序和方法、知识面广、经验丰富、管理协调能力强、处理问题果断迅速的专职项目副经理具体负责协调工作，随时与总包、设计、监理单位及供应商等单位保持联系，沟通信息，及时掌握各项目、各专业的施工质量、进度情况，督促落实设备和材料的及时供应，及时发现和解决存在的问题，以保证工程顺利进行。

七、炼油区供电照明工程

1. 工程重点及难点

本项目单位工程多，全场区域大，战线长，分布零散，分包单位多，交叉作业施工协调难度大。

2. 解决的措施办法

对其他分包的各专业施工单位之间积极配合、协调的各种事宜，及时组织相关单

位协商，并及时达成协商意见，在保证总包单位的工程管理权的前提下，科学协调，促进各专业工程施工进度。

每周召开工程例会，在会上对工程现场每周需协调落实的事项予以明确，达成一致意见后，以会议纪要的形式发各部门，然后在施工中逐项督促落实。

第四节　施工工期与施工方案

一、主要施工工期节点完成情况

化工区围墙及挡土墙工程、化工区雨水收集池土建及安装工程、260 万 t/a 芳烃联合装置一标段土建项目、厂前区生产管理楼和宿舍楼工程、炼油区第二循环水场工程、60 万 t/a ABS 及其配套工程、炼油区供电照明工程。各施工项目所在位置、施工条件、自有建筑特点等各不相同。

主要节点目标完成情况见表 1－1。

表 1－1　主要节点目标完成情况

序号	项 目 及 说 明	实际开工日期	实际完工日期
1	化工区围墙及挡土墙工程	2020－08－07	2022－05－20
2	化工区雨水收集池土建及安装工程	2020－11－25	2022－04－30
3	260 万 t/a 芳烃联合装置一标段土建项目	2020－07－25	2022－04－30
4	厂前区生产管理楼和宿舍楼工程	2020－10－10	2022－01－22
5	炼油区第二循环水场工程	2020－08－07	2022－05－31
6	60 万 t/a ABS 及其配套工程管公辅工程	2020－11－16	2021－12－13
7	炼油区供电照明工程	2021－05－13	2022－06－30

二、主要完成工程量

承建 7 个标段完成主要工程量见表 1－2。

表 1－2　完成工程量统计表

序号	项目名称	单　位	完成工程量
1	土方开挖	m^3	68500
2	土方回填	m^3	32546
3	混凝土	m^3	74460
4	块石砌筑	m^3	10755
5	钢筋制安	t	9100
6	砖砌体	m^3	2071
7	金属结构安装	t	765
8	工艺管道	m	8478
9	风管安装	m^2	13686
10	房屋建筑面积	m^2	31734

三、主要施工方案

根据工程施工的特点及难点，针对各标段设备和建筑物主要采取了以下施工方案。

1. 基坑开挖和支护施工方案

各建筑物和设备基础施工均需进行基坑开挖，根据开挖深度采取不同的支护措施，超过 5m 的基坑开挖支护采用 12m 长拉森钢板桩与基坑边坡喷锚的复合支护形式施工。本方案在化工区雨水收集池、雨水池及事故水处理池、260 万 t/a 芳烃联合装置一标段土建项目污染雨水池、炼油区第二循环水场污水提升池等工程使用。

2. 钢筋连接技术

钢筋连接采用焊接技术及大直径钢筋直螺纹连接技术。本方案在化工区雨水收集池土建及安装工程、260 万 t/a 芳烃联合装置一标段土建项目、炼油区第二循环水场工程、厂前区生产管理楼和宿舍楼等工程使用。

3. 大体积常态混凝土温度控制技术

随着水利工程、建筑工程等行业的蓬勃发展，大体积混凝土的使用也随之增加，而大体积混凝土的裂缝问题也日益突出，已成了普遍性问题，大体积混凝土的温度控制和养护作为大体积抗裂的一种主要技术手段，越来越受到重视。通过选用中低热水泥及采用双掺技术，降低水化热。设计冷却系统，严格控制养护保温措施，对施工过程和养护过程实施温度监测，实现温度控制的信息化施工，达到了预期的大体积常态混凝土抗裂要求。本方案在 260 万 t/a 芳烃联合装置一标段土建项目压缩机设备基础、炼油区第二循环水场冷却塔基础筏板等工程应用。

4. 危大模板支撑施工方案

在现代化城市建设中，越来越多的建筑物需求更大的跨度与空间。因此出现了许多建筑规模较大的混凝土结构。此类构件跨度较大，支撑高度高，自重及施工过程中的荷载比较大。根据传统的模板支撑工艺，不能保证该类构件施工过程中的安全，必须通过专业的设计计算及论证，同时提出更为严格的构造要求来保证构件施工作业的高效进行。建筑业对于此类构件的支撑体系作了专门的定义：高架支模指搭设高度 5m 及以上；或搭设跨度 10m 及以上；或施工总荷载 $10kN/m^2$ 及以上；或集中线荷载 15kN/m 及以上；或高度大于支撑水平投影宽度且相对独立无联系构件的混凝土模板支撑工程。

在 260 万 t/a 芳烃联合装置一标段土建项目压缩机设备基础、炼油区第二循环水场冷却塔基础等建筑中存在此种规模较大的混凝土结构，采用危大模板支撑施工方案，注重材料选用、高支撑架的验算、工艺原理、模板安装与梁板满堂支撑架搭设等。

5. 薄壁混凝土施工方案

薄壁混凝土高墙一次成型浇筑施工广泛应用在混凝土水池池壁以及工业、民用建筑的混凝土剪力墙，为钢筋混凝土剪力墙浇筑平整、密实提供了一种施工方法。混凝土浇筑前在底部接槎处浇筑30～50mm厚砂浆垫层，保证新老混凝土面接触密实；采用长条流水作业，在内模贴反光条，分段循环布料、均衡上升、控制上升高度；使用小型插入式振捣棒均匀振捣、连续浇筑一次完成的施工方法，保证薄壁混凝土高墙浇筑施工质量。本方案在260万t/a芳烃联合装置一标段土建项目机柜间、炼油区第二循环水场冷却塔基础等工程中应用。

6. 工艺管道施工技术

通过焊接和法兰连接等方式将管道连接起来，以满足一定生产工艺的要求，这种管道称为工艺管道。工艺管道安装工艺比较复杂，工序较多，其安装的安全性和可靠性对整体工程的质量和安全有着直接的关系。所以要求技术人员和安装人员在日常工作中重视工艺管道的安装及维护。采用先预制再安装的施工方案进行施工，加快了施工进度，保证了施工质量。本方案在炼油区第二循环水场冷却塔进循环给水、循环回水、消防水管道、化工区雨水收集池土建及安装工程给排水管道等工程中应用。

7. 装饰装修工程施工方案

装饰装修工程主要采用新材料、新工艺，既要满足设计要求，又要减少污染，达到节能环保的要求。本方案在260万t/a芳烃联合装置一标段土建项目变电站、机柜间；炼油区第二循环水场机柜间；化工区雨水收集池土建及安装工程变电所；厂前区宿舍楼及综合管理楼、60万t/a ABS及其配套工程管公辅工程备品备件库等工程中应用。主要介绍建筑物从基层到顶层，从内部到外部装饰装修各个工序的施工技术。

8. 屋面防水工程施工方案

石化炼化一体化项目大部分建筑物内部安装有精密的电器仪表和设备，对内部及外部环境要求高，室内保持干燥，屋面不出现渗漏水现象至关重要。屋面防水层材料采用新型防水卷材，铺贴采用冷铺法：搅拌水泥素浆粘贴防水卷材进行屋面防水施工。本方案在260万t/a芳烃联合装置一标段土建项目变电站、机柜间，炼油区第二循环水场机柜间，化工区雨水收集池土建及安装工程变电所，厂前区宿舍楼及综合管理楼，以及60万t/a ABS及其配套工程管公辅工程备品备件库等工程中应用。

9. 矩形薄壁风道安装工程施工方案

建筑物内送风系统、排风系统等采用镀锌铁皮风管，总工程量约为13686m^2。特点是漏风量小，降低能耗，节省运行费。本方案在260万t/a芳烃联合装置一标段土建项目机柜间、变电站，炼油区第二循环水场机柜间，化工区雨水收集池土建及安装工程变电所，以及厂前区宿舍楼和综合管理楼中应用。

10. 水池施工方案

化工区及炼油区水池有循环水池、雨水池、事故水转输池、污染雨水池、污水提升池等，由于部分水质对地质和环境污染较大，因此对水池的结构及防水要求较高。本方案主要涉及水池结构施工、防水施工、结构外防腐施工等。

第五节　施工关键技术

一、机柜间防爆墙一次成型薄壁混凝土施工

广东石化炼化一体化项目芳烃联合装置工程机柜间防爆墙为薄壁结构。机柜室平面尺寸：机柜室平面为矩形，防爆墙轴线尺寸为40.25m×30.25m，南、北两侧墙体40.25m，东西两侧墙体30.25m，墙厚350mm；防爆墙浇筑高度：底部高程为－2.5m，顶部高程6.3m，本次浇筑至顶板梁底部高程5.4m，浇筑高度7.9m；结构特点：防爆墙底部坐落在基础承台上，底部双排插筋，防爆墙钢筋位于插筋两侧，与基础承台混凝土无锚固，与插筋绑扎连接。防爆墙内侧为一地梁，地梁宽800mm，顶部高程为－1.4m，底部高程为－2.5m，防爆墙与地梁之间设置100mm间隔。

机柜间防爆墙一次成型薄壁混凝土浇筑对拌合系统、运输、入仓及仓面施工设备、组织管理要求高，特别是浇筑过程中要综合考虑已浇筑混凝土的强度、仓面的施工强度等，需要定人、定岗、定位置、挂牌布料，这一措施使薄壁混凝土施工管理上升了一个水平。

二、危大模板工程满堂脚手架施工

广东石化炼化一体化项目炼油区第二循环水场工程冷却塔框架及塔底水池结构共有6个，为钢筋混凝土框架结构，建筑外型呈51.4m×24.7m矩形，冷却塔框架最大高度16.6m，地上四层（水池半地下），一层结构标高4.0m，混凝土梁板模板支撑架搭设高度12.6m，属于超过一定规模危险性较大模板工程及支撑体系，采用危大模板工程满堂脚手架施工方案进行施工。

炼油第二循环水场应用危大模板工程满堂脚手架施工方案后，主体受力构件从未出现挠度过大、涨模等质量缺陷。主体施工结束后，模板拆除后混凝土外观光滑平整。整体使用过程中安全质量整体可控，未发生任何安全事故，保质保量完成工期目标，为以后高架支撑技术的进一步完善和普及提供了宝贵的施工经验。

三、拉森钢板桩与基坑喷锚复合支护施工

广东石化炼化一体化项目芳烃联合装置工程污染雨水池几何尺寸为36.55m×28.55m×5.6m，现浇钢筋混凝土板式基础、池壁及顶板。其基坑的防护采用拉森钢板桩与基坑喷锚复合支护形式，第一级为边坡喷锚支护，第二级为钢板桩支护。

整个施工过程中，基坑始终保持稳定状态，充分验证了此类复合型支护方式的安全及稳定性。随着目前城市建设发展的高速推进，大量的深基坑工程出现在工程建设中，相比灌注桩、SWM工法桩等支护方式，采用复合型基坑支护形式更有利于节约施工空间、降低施工难度、缩短施工周期、节约施工成本等。

四、石油化工工艺管道快速安装

广东石化炼化一体化项目炼油第二循环水场工程位于广东省揭阳市惠来县大南海国际石化综合工业园。炼油第二循环水场工艺管道主要包括 $DN20\sim DN1800$ 的管线，工艺管道介质有 FW2（高压消防水）、FW1（低压消防水）、CWS（循环给水）、CWR（循环回水）、EWW 重力（事故污水）、PTW（生活水）、IW1（低压生产水）、EWW 压力（事故水转输）、RUD1（回用水）等，还有辅助管道的各种井室设施系统，设计温度 20～290℃，涉及材料主要有 20 号钢、Q235B、06Cr19Ni10。本循环水场要求管道内清洁、干净，在施工过程中，严格控制工艺管道内部清洁度，及时清理杂物；本循环水场工艺管道安装工艺要求高，施工中重点把控。通过采用预制、合理布置管路、规范安装措施，缩短了工期，减少交叉作业造成的窝工，有利于节约资源，提高效率。

第二章
基坑开挖及支护

第一节　深基坑开挖及支护施工概况

一、构筑物设计概况

炼油第二循环水场污水提升池位于本装置区中间位置，水池上游承接循环水冷却塔、加药间生产污水及机柜间生活污水，通过污水提升泵将池内污水注入旁滤设备进行一次净化后回流至厂区污水处理厂进行污水处理，做到水资源循环利用。

污水提升池采用埋地式钢筋混凝土结构，水池结构设计使用年限 50 年，建筑结构安全等级二级，防水等级二级，抗震设防等级二级。水池结构几何尺寸 14m×10m×5.6（6.1）m；基坑开挖深度 8m。水池池壁厚度 400mm；主体混凝土等级 C30P8；地基采用天然地基/桩基承载模式；基础为现浇钢筋混凝土筏板式基础，筏板厚度 600mm，基础放角 1000mm。垫层厚度 150mm，使用 C20 混凝土浇筑。

二、工程施工特点

根据中华人民共和国住房和城乡建设部于 2018 年 3 月 8 日发布的《危险性较大的分部分项工程安全管理规定》，深基坑工程指的是开挖深度超过 5m（含 5m）的基坑（槽）的土方开挖、支护、降水工程，或开挖深度虽未超过 5m，但地质条件、周围环境和地下管线复杂，或影响毗邻建筑（构筑）物安全的基坑（槽）的土方开挖、支护。

本工程基坑开挖深度达到 8m 深度，符合深基坑施工定义及范畴。本工程施工具有以下特点。

1. 工程特点

场地土层岩性复杂多变、地下静止水位高、水池防水等级高（防水等级二级）、工期紧，施工适逢当地多雨季节等特点。

2. 难点

场地土层岩性差、黏聚力低、基坑暴露时间长、施工适逢当地台风暴雨多发季节、基坑降排水周期长和施工工艺顺序需要间隔时间较长等难点。

3. 重点

基坑支护钢板桩排桩墙水平、竖向位移，排桩墙止水渗漏，边坡护坡，基坑降排水，基坑监测和有支护基坑土方开挖等。

4. 基坑工程安全等级

依据《建筑边坡工程技术规范》(GB 50330—2013)、《建筑深基坑工程施工安全技术规范》(JGJ 311—2013)、《建筑基坑支护技术规程》(JGJ 120—2012)、广东省《建筑地基处理技术规范》(DBJ/T 15－38—2019) 等现行国家、行业规范、规程的规定，结合基坑使用期限本工程基坑工程安全等级为三级。

5. 基坑安全使用期限

使用期限为 6 个月。

6. 周边环境

拟建工程隶属广东石化炼化一体化项目公用工程，拟建装置为新建项目，场地原始地貌为海边沙滩、农林场、鱼塘地貌，经人工挖填、平整、强夯处理后场地较为平坦，场地无地上建构筑物、地下无给排水管网、电力电缆和通信光缆等设施。

三、工程地质及水文地质条件

（一）工程地质情况

1. 场地位置

场地位于龙江西岸约 1.6km 处，本工业园区地貌类型为滨海沙丘地貌，主要由沙丘、防护林、草地及耕地等组成，地形略有起伏。周围是一古海湾和小型三角洲，地势平坦第四系较厚。本场区主要为挖方区，原层顶高程为 11.84～15.44m，经场地整平后，场地高程为 10.2～10.8m，场地强夯处理后检测期间场地标高 8.7～9.15m，平均 8.93m。

2. 强夯处理后地层土性

由于强夯施工对浅部土层工程力学性质有较大影响，场地强夯处理前和处理后土层分层原则如下：

②1 层细砂：场地内均有分布，厚度为 4.0～9.2m（以整平后地面算），层底高程为 1.05～6.41m。分布规律上呈现：场区东侧及西北角厚度相对较大，为 5.62～9.2m；场区中部及西南侧厚度相对较小，为 4.0～5.74m。标准贯入试验锤击数 N 值为 6～18 击，平均值为 12.0 击；静力触探试验测得锥头阻力 q_c 为 1.12～10.00MPa，平均值为 6.62MPa；水上休止角为 39°～42°，平均值为 35.9°；水下休止角为 34°～37°，平均值为 35.9°。工程性质相对较好，可作为天然地基持力层。

②2 层细砂：场地内仅 B8、B13 及 B56 号钻孔缺失该层，松散，层厚为 0.7～3.5m；标准贯入试验锤击数 N 值为 3～11 击，平均值为 7.2 击；静力触探试验测得锥头阻力 q_c 为 0.41～3.20MPa，平均值为 1.89MPa，普遍为轻微液化。该层工程性

质很差，是②1 层细砂的软弱下卧层。

②3 层细砂：场地内仅孔 B1、B2 及 B3 号钻孔缺失该层，稍密～中密，厚度不均，工程性质一般。

②4 层细砂：地内均有分布，仅 B14 号钻孔未揭穿该层，中密～密实，层厚为 2.3～8.1m。分布规律上呈现：场地东侧揭露高程较深，层顶高程为－0.92～－2.15m；场地西侧揭露较浅，层顶高程为－0.32～2.01m。标准贯入试验锤击数 N 为 19～40 击，平均值为 26.5 击；静力触探试验测得锥头阻力为 4.52～18.00MPa，平均值为 12.31MPa。该层工程性质较好，分布稳定，层厚较大，可作为桩基或复合地基桩端的一般持力层。该层局部区域分布层厚为 0.2～0.3m 的粉质黏土薄层，厚度较小，对②4 层细砂的工程性质影响较小。

③1 层粉质黏土、③3 层粉质黏土：③1 层粉质黏土场地内普遍分布，且工程性质相对较差。③3 层粉质黏土场地均有分布，软塑，局部流塑，含水量 ω 为 20.4%～45.4%；液性指数 IL 为 0.76～1.76，压缩模量 $E_{s1\text{-}2}$ 为 3.06～7.57MPa，压缩系数 $\alpha_{1\text{-}2}$为 0.3～0.7MPa，属中～高压缩性土；前期固结压力平均值为 185kPa，为正常固结土，标准贯入试验锤击数 N 平均值为 7.9 击；静力触探试验测得锥头阻力平均值为 1.26MPa，工程性质差，为主要压缩变形层。

④1 细砂：因勘探孔设计孔深较浅，场地东侧仅少数钻孔揭露该层。场地西侧预留区范围均揭露该层。该层层厚为 1.0～5.3m，厚度不均，起伏较大。

⑤2 层粉质黏土：场地西侧预留区范围均揭露该层，层厚为 1～8.5m，可塑～硬塑，中压缩性土；标准贯入试验锤击数 N 平均值为 12.6 击，静力触探试验测得锥头阻力平均值 1.94MPa；前期固结压力平均值为 345kPa，为正常固结土。工程性质相对较好。

⑥1 层粉细砂：场地西侧预留区范围仅 B3、B8、B24、B25 及 B44 未揭露该层，中密～密实，标准贯入试验锤击数 N 平均值为 32.8 击，静力触探试验测得锥头阻力平均值 10.90MPa，该层工程性质较好，可作为良好桩端持力层，但揭露不完全。

⑥2 层粗砾砂、⑧残积砂质、⑨1 全风化、⑨2－1 砂土状强风化花岗岩：此 4 层土揭露厚度不均且大部分区域未揭露。

3. 强夯后底层情况

3000kN·m 能级强夯区域夯后地基承载力特征值 f_{ak}≥200kPa，变形模量离散性较大，剔除部分较大值后为 14～29MPa，平均为 23MPa。

（二）水文地质情况

强夯后检测期间测得地下水位埋深：地下水水位埋深为 0.50～4.80m，地下水稳定水位标高为 2.82～7.86m。

四、施工方案选择

根据污水提升池结构，拟建场地开挖土层，主要有②1 层细砂、②2 层细砂、②3 层细砂、②4 层粉细砂。拟建场地水位浅且地层渗透性好、含水量大，对于较深基坑

开挖后可能会产生较大的渗水、涌水量，且直接威胁基坑侧壁的稳定与安全，需采取适当的降水和防护措施。

对于基坑开挖较浅建（构）筑物，基坑可采用放坡的方式进行开挖，开挖范围内主要土层渗透系数、抗剪强度参数及开挖放坡坡率建议值见表 2-1。

表 2-1　各土层渗透系数、抗剪强度参数及开挖放坡坡率建议值

地层编号	渗透系数建议值	抗剪强度参数建议值		10m 高度允许坡率
		C/kPa	φ/(°)	
②1	8.0×10^{-3}	18	29	1∶1.5
②2	1.0×10^{-5}	15	29	1∶1.5
②3	7.0×10^{-3}	0	28	1∶1.5
②4	1.0×10^{-2}	0	32	1∶1.5

对于池类设施等基坑开挖较深建（构）筑物，基坑可采用排桩等止水幕墙方式进行支护开挖。

第二节　深基坑开挖及支护施工技术方案

一、材料和设备计划

（一）物资材料计划

材料准备方面，严格按照专家论证通过的基坑支护设计方案进行施工预算采购，包括基坑支护排桩墙钢板桩、围檩型钢、边坡喷射混凝土、土钉钢筋、钢丝网、降排水管材、管件、真空泵等各型号、规格材料和周转材料。及时提供建筑材料的试验申请计划（材料计划需用量详见工程量清单），安排运输和储备，结合进度计划做好进场工作，保证满足连续施工的要求。

（1）根据专家论证通过的施工方案，结合施工进度计划和施工预算中的工料分析，编制工程所需材料用量计划，作为备料、供料和确定堆场面积、搭建库房及组织运输的依据。

（2）根据材料用量计划，做好材料的订货、租赁和采购工作。

（3）组织材料按计划进场，并作好保管工作。

（4）主要施工、周转材料详见表 2-2。

表 2-2　主要施工、周转材料

材料名称	规格型号	单位	计划用量	备　注
钢管	ϕ48mm×3.5mm	t	4	基坑临边防护
扣件	直角、转向	个	300	基坑临边防护
木胶合板	15mm 厚覆面	m^2	20	临边防护踢脚板
绿色阻燃密目安全网	6.0m×1.8m	m^2	240	基坑临边防护

续表

材料名称	规格型号	单位	计划用量	备　注
钢板桩	拉森Ⅳ-12	片	140	基坑支护
围檩、角撑型钢	H400mm×400mm	m	90	基坑支护
钢丝网		m^2	750	边坡防护
细石混凝土	C20	m^3	66	边坡防护
真空泵		套	3	基坑降水
井点管	*DN*48PPR	m	480	基坑降水
总管	*DN*100PPR	m	110	基坑降水
塑料布	0.3mm 厚	m^2	750	基坑降水
钢筋	HRB400，ϕ14mm	t	0.65	基坑边坡防护

1）井点降水集水管与井点管：采用优质 PPR 管，管径 *DN*48/*DN*100。

2）护坡钢丝网：选用 100mm×100mm×(2.5～4)mm 的成品镀锌焊接碰网。

3）护坡混凝土：采用 C20 细石混凝土，严格按设计要求的配合比执行，运至现场后应取样制作试块送检做强度试验。

4）钢筋：选用国产优质钢筋，接头采用绑扎连接。

5）焊条：采用国家标准《非合金钢及细晶粒钢焊条》（GB/T 5117—2012）的 E43、E50 系列的焊条。

6）钢板桩采用成品拉森钢板桩，住友 SKSP-Ⅳ型，其材质符合现行国家标准中的规定。

7）安全防护用品：安全帽 60 顶，安全带 15 条，挂式安全软爬梯 5 条，混凝土工手套 40 套，混凝土工防护雨衣 40 套，安全照明灯具 12 盏，灭火器 10 个。

（二）施工机具计划

（1）根据施工组织设计中确定的施工方法、施工机具配备的要求、数量及施工进度安排施工机具进场计划，主要设备见表 2-3。

表 2-3　　主 要 设 备

设 备 名 称	型 号 规 格	单位	数量	用于施工部位
打桩机	DZ90 型	台	1	基坑支护
液压反铲挖掘机	XE370	台	1	基坑土方开挖
长臂挖掘机	PC220-8	台	1	基坑土方开挖
泥头车	斯太尔	辆	2	基坑土方外运
装载机	ZL50	台	1	基坑土方外运
液压振动压路机	12t	台	1	回填土
推土机	D85	台	1	
排污泵	50ZW20-15	台	6	降排水
汽车吊	25t	台	1	

续表

设备名称	型号规格	单位	数量	用于施工部位
发电机组	50kW	台	1	
GPS测量仪	科利达（风云K9）	台	1	
全站仪	TCL1201-R300	台	1	
水准仪		台	1	

（2）主要机械设备按工程具体需要组织进场，进场前进行检修，使用期间定期检修维护，确保其处于良好状态。

（3）机械设备保证措施。

1）所有进场的机械设备都必须达到二类机械设备的要求，并且要状况良好，性能优良。

2）所有机械设备的操作司机必须持证上岗，严格按机械操作规程操作。

3）所有机械设备严格按照保养手册建立履历档案，按规定时间安排保养计划，并合理利用每月安排的机械整修时间保养检修，保证计划的有效实施。

4）设备保养维修人员培训合格后方可上岗，人员数量应满足要求，操作上“人机固定”，谁操作，谁负责。

5）机械的正常保养由各使用单位严格按保养规定执行，机械的维修由综合队专业维修人员完成。

二、施工工艺及技术准备

（一）基坑支护施工技术参数

1. 基坑钢板桩支护

根据公用工程设计，本工程基坑支护选取第二循环水场污水提升池最大开挖深度6.25m建立设计计算模型；基坑支护采用放坡大开挖＋悬臂钢板桩排桩墙支护，钢板桩沿地下结构垫层外边沿1.0m位置四周连续设置，钢板桩排桩墙采用拉森Ⅳ型400mm×170mm×15.5mm、12m长的钢板桩作为支护结构，利用双拼H400mm×400mm×13mm×21mm型钢做围檩、角撑和对撑，钢板桩排桩墙桩顶的标高为－3.000m（自然地面标高为±0.000，以下同）；围檩顶标高距排桩墙顶面150～200mm位置设置（相对标高－3.150～－3.200m）。钢板桩打入细砂或中砂层内，入土深度不小于支护深度的1倍。应急预防采取*DN*405钢管型钢单八字体系。钢板桩排桩墙支护体系材料技术指标见表2-4。

表2-4　　支护体系技术参数表

部　位	支护体系	钢板桩规格/mm	桩顶标高/mm	嵌入土层长度/m	围檩、角撑和对撑规格/mm	应急预防材料对撑
炼油区第二循环水场污水提升池	放坡大开挖＋悬臂钢板桩排桩墙支护	Ⅳ型400×170×15.5×12000	－3000	8.75	H400×400×13×21	竖向一层对撑、对撑横向设置1道

放坡大开挖深度 3m，边坡坡率 1∶1.5，台阶宽度 2m。拉森Ⅳ型钢板桩断面如图 2－1 所示，规格、参数见表 2－5。基坑钢板桩支护剖面如图 2－2 所示。

2. 基坑喷锚护坡

水池基坑一级台阶平台及放坡边坡防护采用 HRB400、ϕ14 钢筋做土钉，挂钢丝网喷 60mm 厚 C20 细石混凝土面层防护。

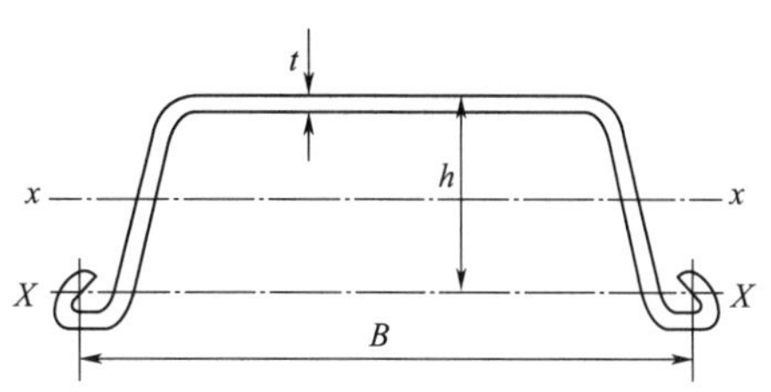

图 2－1　拉森Ⅳ型钢板桩断面图

表 2－5　　拉森Ⅳ型钢板桩规格、参数表

型号	规格				每延长米参数			
Ⅳ	宽 B /mm	高 h /mm	厚 t /mm	桩长/m	截面模量 A/cm^4	单桩惯性矩 $I/(cm^4/m)$	抗弯模量 $W/(cm^3/m)$	抗弯强度 f/MPa
	400	170	15.5	12	362	4670	362	215

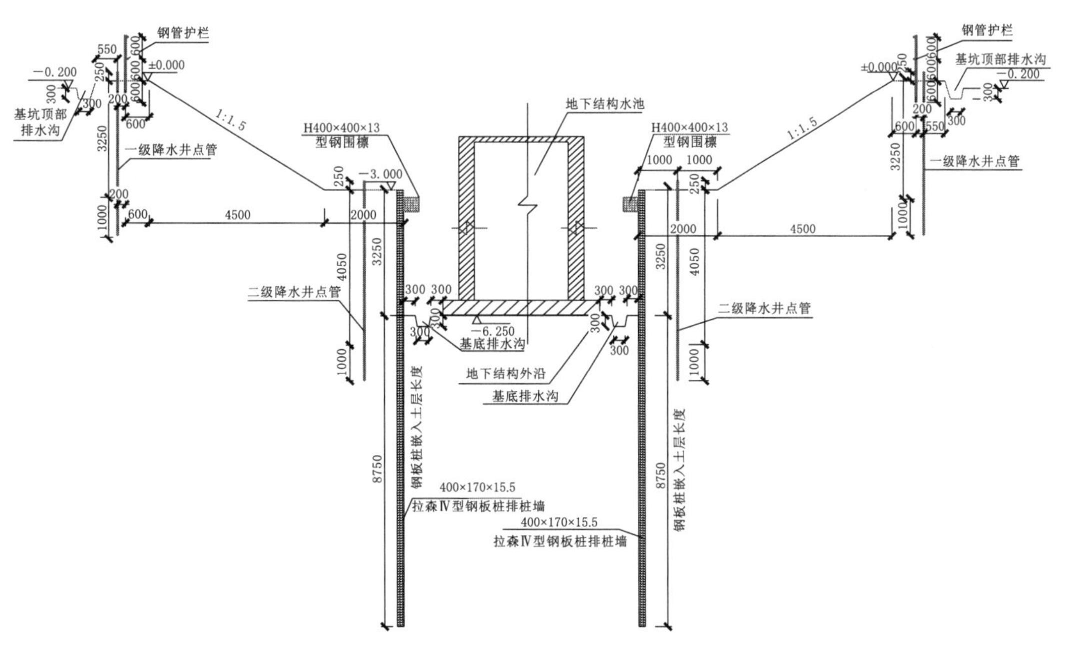

图 2－2　基坑钢板桩支护剖面图

土钉采用 HRB400、ϕ14 钢筋，土钉纵横间距 2m 梅花形布置；土钉垂直坡面打入深度不少于 800mm。钢丝网采用丝径 2.5～3mm 网孔尺寸不大于 100mm×100mm 的镀锌焊接碰网，钢丝网纵横连接接长、接宽采用搭接，搭接长度或宽度不小于 300mm；钢丝网与坡面之间的空隙不小于 30mm，钢筋保护层的厚度不得小于 20mm；坡面面层混凝土采用喷射 C20 细石混凝土，厚度不小于 60mm。坡面每间距 6m×6m 或 4m×8m 设置一处泄水管，坡面每间隔 30m 设 20mm 宽伸缩缝。图 2－3 为坡面喷

射混凝土防护剖面示意图。

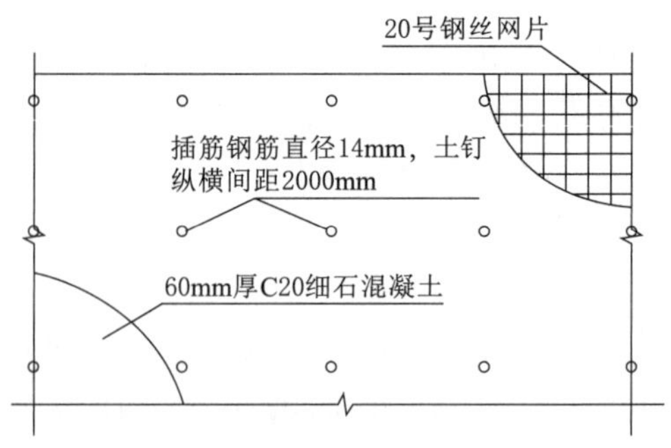

图 2-3 坡面喷射混凝土防护剖面示意图

（二）基坑降水施工技术参数

1. 地表水、基坑渗水

基坑顶部、基坑底部排水采用集水明排法。排水沟截面尺寸为 300mm × 300mm，集水井截面尺寸为 800mm × 800mm，深度比排水沟底深 1m；顶部排水沟沿基坑四周距基坑边沿不小于 1.35m 位置设置，坑底排水沟距坡脚或池底垫层边沿不少于 300mm 位置设置，排水沟坡度宜为 0.2%～0.5%。集水井除在基坑顶部、底部每角部各设置一口集水井外；其他集水井井距不大于 50m。基坑顶部雨水及基坑内渗水汇入集水井后用水泵抽出坑外，经过排出前端设置的沉砂池沉淀后就近排入业主指定的排洪沟内集中外排。排水沟、集水井沟底、沟壁及井壁均先铺设一层彩条布再铺一层土工布。

2. 基坑降水

采用基坑外二级轻型井点降水，轻型井点系统主要由井点管、连接管、集水总管及抽水设备等组成[1]。一级轻型井点降水井点沿基坑四周距基坑边沿 800mm 位置单排环圈状布置；井点管间距 1.0～1.5m；二级轻型井点降水井点沿一级平台四周距坡脚 1.0m 位置单排呈环圈状布置，井点管间距 1.0～1.5m。一级、二级轻型井点降水井点在基坑的角部、出土坡道附近适当加密。井点管、总管采用 PPR 塑料管，井点管管径为 $DN48$；总管管径为 $DN100$。降水设备采用真空泵，每台机组携带总管的长度不大于 100m。图 2-4 所示为井点降水构造示意图。

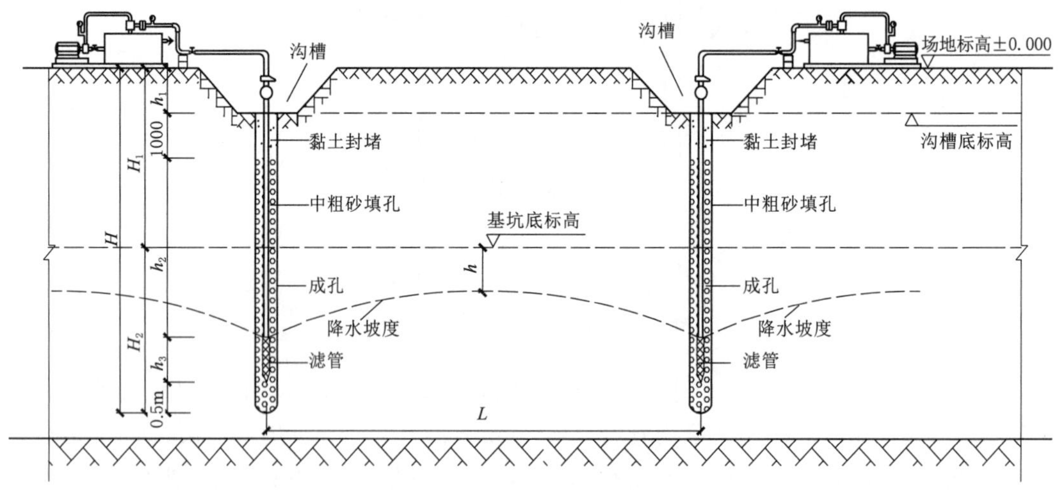

图 2-4 井点降水构造示意图

图 2-4 中，H 为地面至井点底部高度，H_1 为地面距基坑底部高度，H_2 为基坑底至井点底部高度，h_1 为地面距沟槽底部高度，h_2 为黏土封堵底部距地下水位线高

度，h_3 为滤管底部与地下水位线高度，L 为两排井点的距离。

三、施工工艺流程

水池支护降水开挖施工工艺流程如图 2-5 所示。

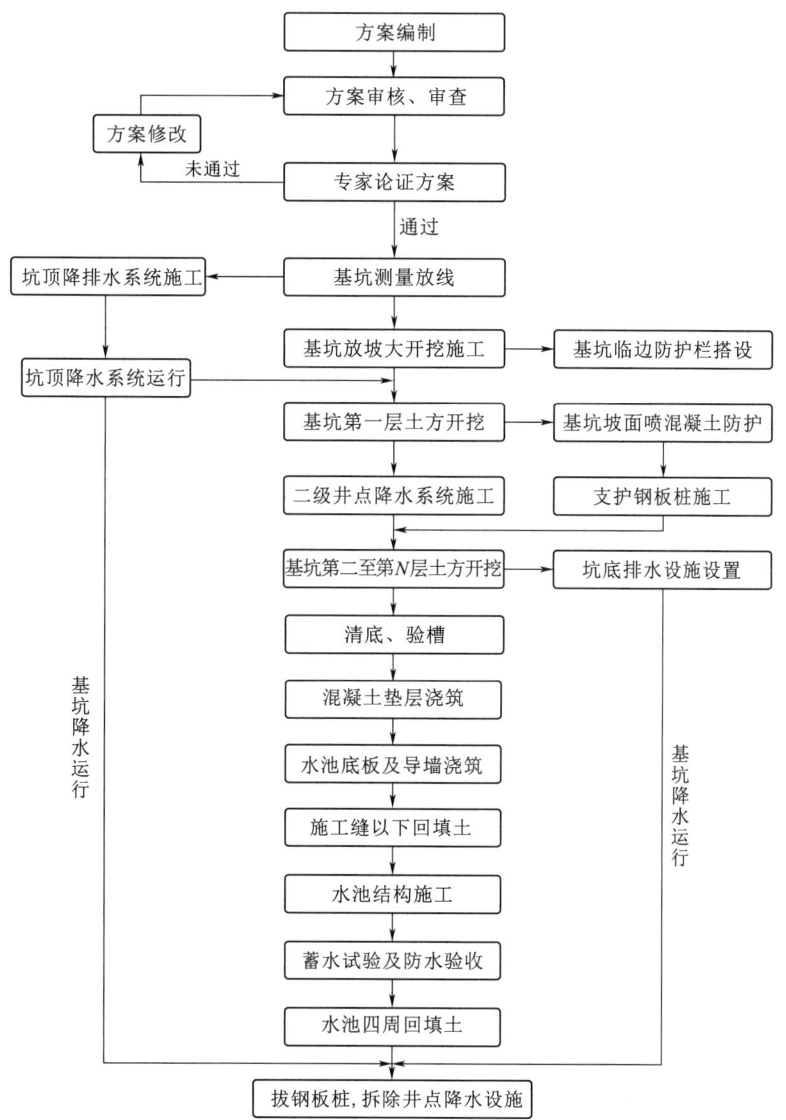

图 2-5　水池支护降水开挖施工工艺流程

四、施工方法

（一）基坑轻型降点降水施工方法

1. 基坑降水方案设计

（1）集水明排。基坑顶部、基坑底部降排水采用集水明排法。排水沟截面 300mm×

300mm，集水井截面 800mm×800mm，深度比排水沟沟底深 0.8～1.0m；顶部排水沟沿基坑四周距基坑边沿不小于 1.25m 位置设置，坑底排水沟距坡脚或池底垫层边沿不少于 300mm 位置设置，排水沟坡度宜为 0.2%～0.5%。

集水井基坑顶部、底部每角部各设置一口集水井，其他集水井间距不大于 50m；集水井深度相对排水沟沟底深 0.8～1.0m。基坑顶部雨水及基坑内地下渗水汇入集水井后用水泵抽出坑外，经过排出前端设置的沉砂池沉淀后排入业主指定的排水沟内集中外排。排水沟、集水井沟底、沟壁及井壁均先铺设一层彩条布再铺一层土工布。

（2）轻型井点降水。本基坑工程基坑降水设计为基坑外二级轻型井点降水，降水为连续降水。一级轻型井点降水井点沿基坑顶部距基坑边沿不小于 0.8m 位置环圈状单排布置，井点管水平间距 1.0～1.5m。二级轻型井点降水井点沿一级台阶距支护钢板桩外沿 1.0m 位置环圈状单排设置，井点管间距 1.0～1.5m。一级、二级轻型井点降水井点在基坑的角部、出土坡道位置适当加密。

井点管、总管均采用 PPR 塑料管，井点管管径为 *DN*48，坑顶部一级轻型降点降水井点管单根长度 4.5m；一级平台二级轻型降点降水井点管单根长度 5.6～6.0m；总管管径为 *DN*100，一级、二级轻型井点降水设备各采用 2 台真空泵，每机组携带总管长度均不大于 100m。

井点管滤管顶端应位于坑底以下 1.5～2m；井管内真空度应不小于 65kPa。总管沿抽水水流方向布置，坡度宜为 0.2%～0.5%。总管在抽水设备对面断开，各套总管之间装设阀门隔开。降水深度至坑底垫层底标高以下 500mm，水位降至地下结构垫层底标高不小于 1m，降水漏斗形成后进行土方开挖。

滤管采用壁厚为 3.0mm 的 PPR 塑料管，长 2.0m 左右，在此端 1.4～1.5m 长范围内管壁上钻直径 15mm 的小圆孔，孔距为 25mm，外包两层滤网，滤网采用编织布，外部再包一层网眼较大的尼龙丝网，每间隔 50～60mm 用 10 号铅丝绑扎一道，滤管另一端与井点管进行连接。滤管插入坑底垫层底标高以下 1.0～1.5m，轻型井点降水示意图如图 2-6 所示。

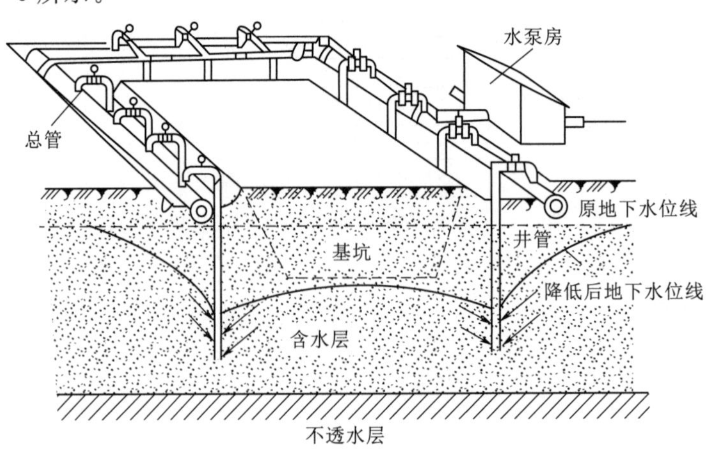

图 2-6　轻型井点降水示意图

井点管采用壁厚为3.0mm的PPR塑料管。

连接管采用透明管或胶皮管，与井点管和总管连接，采用8号铅丝绑扎，应扎紧以防漏气。成孔直径不得小于300mm，成孔深度应大于滤管底端不小于500mm。

总管采用壁厚为4.0mm的PPR塑料管，用三通连接，防止漏气、漏水。

抽水设备采用6台真空泵以及每机组配件和水箱。

2. 集水明排施工

(1) 排水沟、集水井开挖。基坑顶部集水井、排水沟和一级轻型井点降水系统应在基坑放坡大开挖土层施工前组织施工。基坑顶部排水沟、集水井在施工前，应精确定位放线校核合格后组织施工，排水沟采用挖掘机开挖、人工修坡（边坡及沟底坡度），集水井采用人工挖掘。

基坑底部排水沟、集水井待开挖至基底暂留土层地基验槽合格后，及时组织施工。排水沟、集水坑土方开挖采用人工挖掘，并及时将挖掘的土方运送至出入坡道附近挖掘机能够挖掘到的位置，随同挖掘坡道的同时一同挖掘装车外运。

(2) 排水沟、集水井的设置。排水沟沟壁、集水井井壁均采用先满铺一层彩条布再铺一层土工布；土工布和彩条布均扩展至排水沟两侧或集水井四周外侧不少于250～300mm位置，采取筑土堤坝或用袋装土压牢。或随边坡护坡喷射混凝土时，基坑顶部扩展至排水沟内侧，坑底扩展至垫层边。

集水井基坑顶部、底部每角部各设置一口集水井，其他集水井间距不大于50m；井深相对排水沟沟底深不小于1.0m。基坑顶部雨水及基坑内地下渗水汇入集水井后用水泵抽出坑外，经过排出前端设置的沉砂池沉淀后排入业主指定的排水沟内集中外排。

(3) 排水系统施工及注意事项。坡顶、坡底排水沟沟底设置不小于1.5%的排水坡度，坡向由高向低至集水井位置；各集水井设置污水泵抽排至基坑顶部的外排系统，外排系统的前端设置不小于10～15m^3的沉砂池，经初步处理后集中排放至指定排水系统内。外排系统可采用敷设*DN*150PPR塑料管道，亦可采用开挖排水明沟的方式。开挖排水明沟时，其做法与基坑顶、底部排水沟的做法要求相同。

雨季施工期间，合理组织地表水排放，并安排足够的排水设备对汇集的地表水进行抽排。同时在基坑四周，应对地表水进行疏导，避免大量的地表水集中涌入基坑内，引起基坑坡脚浸泡而产生基坑坍塌。

3. 轻型井点降水施工

(1) 施工工艺流程。施工准备、定位放样→铺设总管→冲孔→清孔→安装井点管、填砂砾滤料、上部填黏土密封→用弯联管将井点管与总管接通→安装抽水设备与总管连通→安装集水箱和排水管→开动真空泵排气、再开动离心泵抽水→井点运转及监测→拆除井点降水系统。

(2) 准备工作。

1) 轻型井点的施工准备工作首先是需要根据工程的情况特点和地质条件等进行轻型井点的设计计算，再根据计算结果准备所需的井点设备、动力装置、井点管、滤

管、集水总管及必要的材料。另外还需搞好施工现场的准备工作，包括排水沟的开挖、临时施工道路的修筑等。

2）井点系统设备的选择。

a. 井点管：采用 *DN*50PPR 塑料管，一级平台位置二级轻型降点降水单根井点管长 6.0m，基坑顶部一级轻型降点降水井点管单根长度 3.5m，下端为 1.0m 长的滤管。

b. 连接管：采用 *DN*50PPR 塑料管与集水总管连接。

c. 集水总管：采用 *DN*100PPR 管分节连接，每节长 4.0m。根据井点管水平间距，每处井点管设一个连接井点管的接头（三通）。

d. 真空泵按每机组携带总管不大于 100m 计算确定，本工程每基坑均需设置 3 台真空泵。

e. 冲孔设备：选用高压式离心泵。

（3）井点布置。

1）测量放样：根据施工图结合施工方案，采用计算机应用技术分别计算出基坑上下口开挖的控制边线、坡度控制线、基坑顶部集水明排排水沟、集水井、井点管总管位置控制线等基坑开挖、降排水控制线的坐标和基坑支护钢板桩角部坐标。先采用全站仪极坐标法施测控制线，并设置延长线控制桩或龙门板；再用白灰洒出控制线。

2）按方案设计基坑顶部一级轻型降点降水井点管沿基坑四周距基坑边沿不小于 0.3m 位置单排环圈状布置，井点管间距 1.0～1.5m；二级轻型降点降水井点管沿一级台阶四周距支护钢板桩外侧 0.5～1.0m 位置单排环圈状设置，井点管间距 1.0～1.5m；一级、二级降水在基坑的角部和出土坡道位置适当加密。集水总管标高宜尽量接近地下水位线并沿抽水水流方向有 0.25%～0.5%的上仰坡度，水泵轴心与总管齐平。井点管的入土深度比挖基坑底（垫层底标高）深 1.0～1.5m。

3）每台机组携带总管长度约为 76.0m。井点系统各段长度应大致相等，宜在拐角处分段，以减少弯头数量，提高抽吸能力；分段宜设阀门，以免管内水流紊乱，影响降水效果。

（4）井点系统的埋设。埋设井点管的程序是：先排水总管，再沉设井点管，用弯联管将井点管与总管接通，然后安装抽水设备。井管沉设可采取水冲法、套管法或射水法成孔，其成孔沉管应符合下列规定。

1）水冲法：井点管的沉设当采用水冲法施工时，并分为冲孔与埋管填料两个过程。水冲法时先用起重设备将直径 50～70mm 的冲管吊起并插在井点的位置上，然后开动高压水泵（一般工作压力为 0.6～1.2MPa），将土冲松。冲孔时冲管应垂直插入土中，并作上下左右摆动，以加速土体松动，边冲边沉。冲孔直径一般为 300mm，以保证井管周围有一定厚度的砂滤层。冲孔深度宜比滤管底深 0.5～1.0m，以防冲管拔出时，部分土颗粒沉淀于孔底而触及滤管底部。

在沉设井点时，冲孔是保证质量的重要一环。冲孔时冲水压力不宜过大或过小。另外当冲孔达到设计深度时，须尽快减低水压。

井孔冲成后，应立即拔出冲管，插入井点管，并在井点管与孔壁之间迅速填灌砂滤层，以防孔壁塌土。砂滤层的填灌质量是保证轻型井点顺利插入的关键。宜选用干净粗砂，填灌均匀，并填至滤管顶上1～1.5m，以保证水流通畅。井点填好砂滤料后，应用黏土封好井点管与孔壁上部空隙，以防漏气。

2）套管法：施工时先用吊车先将套管就位，然后开泵冲孔，当套管下沉时，逐渐加大高压水泵的压力，并须控制下沉速度。当冲孔深度达到设计标高时，需继续冲洗一段时间，视土质情况可以减少工作水压力或维持原来的压力。在井点未放入套管前，先倒入少量砂，其作用为带泥砂沉淀并防止井点插入黏土中，一般孔深比井点埋设标高深1m左右，然后再将井点放入套管内，砂分2～3次填完，最后拔出套管。如一次填到设计标高，井点易被挤在套管内，此时则可应用振动器助拔套管，否则在套管提升时会将井点一起带出，井点就会高于设计标高。为使井点处于中间位置，在滤管顶部可利用3根钢筋制成的定位导向器，放入时向外伸张，井点拔出时可收紧。

3）射水法：利用射水法进行井点管的埋设就是在井点管下安装射水管或滤管，在地面挖小坑，将射水管或井点管插入后，下有射水球阀，上接可旋动节管和高压胶管、水泵等。利用高压水在井管下端冲刷土体，使井点管下沉。下沉时，随时转动管子，以增加下沉速度，并保持垂直。射水压力为0.4～0.6MPa，当为大颗粒砂粒土时，射水压力应为0.9～1.0MPa。冲至设计深度后，取下软管，再与集水总管连接，抽水时球阀可自由关闭。冲孔直径一般为300mm，冲孔深度应比滤管底深0.5m左右，以利于沉泥。灌砂方法要求与水冲法相同。本法优点是一次冲成，直接埋管。

4）套管水冲法：采用套管水冲法进行井点管的埋设就是用套管或高压水冲枪冲孔。冲枪由套管、冲孔高压水管、反冲洗高压水管和喷嘴等组成。在冲枪下端沿圆周布设两层12个ϕ10mm、呈45°角的喷嘴。冲枪工作时，高压水泵工作压力为0.8～1.0MPa。高压水通过高压水管、喷嘴射入土中，以0.6m/min的速度冲土下沉，泥浆水不断返向上部流出，至出清水，开始埋设井点管。在充填过滤砂的同时，将套管或冲枪缓缓拔出，随拔随填入滤砂，在接近地面的顶端，用黏土将孔口封死，井点埋设即告完成。

（5）连接和试抽。用连接管将井点管与集水总管和水泵连接，形成完整系统。井点系统全部安装完毕后，需进行试抽，以检查是否有漏气现象。抽水时，应先启动真空泵抽取管路中的空气，地下水在真空吸力作用下被吸入集水箱，当集水箱存水达到2/3时停抽。时抽时止，滤网易堵塞，也易抽出土颗粒，使水浑浊，并引起附近建筑物由于土颗粒流失而沉降开裂。正常的排水是细水长流、出水澄清。

（6）井点运行与监测。

1）井点运转管理：井点运行后要求连续工作，应准备双电源或配备发电机组以保证突发停电时能连续抽水。轻型降点降水运行应符合下列规定：

a. 总管与真空泵接好后，开动真空泵开始抽水，检查泵的工作状态是否正常，如发现问题应及时排除。

b. 检查支管、总管路的密封性，如密封性不好，必须采取措施，保证真空泵的真空度达到 0.08MPa 以上。

c. 试抽水一切正常后预抽水 15d 后开始正式抽水运行。

d. 降水运行期间，现场实行 24 小时值班，保证真空泵 24 小时连续工作，经常检查泵的工作状态是否正常及抽水管路的密封性，如发现问题要及时排除。

e. 及时做好降水记录。

轻型降点降水真空度是判断井点系统是否良好的尺度，应通过真空表经常观测，一般真空度应不低于 55.3～66.7kPa。如真空度不够，通常是由于管路漏气，应及时修复。除测定真空度外，还可通过听、摸、看等方法来检查。

听——有上水声是好井点，无声则可能井点已被堵塞。

摸——手摸管壁感到震动，另外冬天热、夏天凉为好井点，反之则为坏井点。

看——夏天湿、冬天干的井点为好井点。如果通过检查发现淤塞的井点管太多，严重影响降水效果时，应逐个用高压水反冲洗或拔出重新埋设。

2）井点监测：在重要的工程中，或者降水工地周围有较为重要的需要保护的建筑物或地下管线时，还需进行井点监测。

3）流量观测：流量观测很重要，一般可以用流量表或堰箱。若发现流量过大而水位降低缓慢甚至降不下去时，可考虑改用流量较大的离心水泵，若是流量较小而水位降低较快则可改用小型水泵以免离心泵无水发热，并可节约电力。

4）地下水位观测：地下水位观测井的位置和间距可按设计需要布置，可用井点管作为观测井[2]。在开始抽水时，每隔 4～8h 测一次，以观测整个系统的降水机能。3 天内或降水达到预定标高前，每日观测 1～2 次。地下水位降到预期标高后，可数日或一周测一次，但若遇下雨时，须加密观测。

5）孔隙水压力观测：通过降水期间观测地层中孔隙水压力的变化，可预计地基强度、变形以及边坡的稳定性。孔隙水压力的观测平常每天一次。在有异常情况时，如发现边坡裂缝、基坑周围发生较大沉陷时，须加密观测，每天不少于 2 次。

6）沉降观测：对于抽水影响范围以内的建筑物和地下管线，应进行建筑物的沉降和地下管线处地层沉降的观测。沉降观测的基准点应设置在井点影响范围之外。沉降观测可利用水准仪和分层沉降仪。观测次数通常每天一次，在异常情况下须加密观测，每天不少于 2 次。

7）井点降水使用运行期间，应安排专人负责井点降水的正常运行，直至基坑回填土回填至地下静止水位 500mm 以上，方可拆除井点降水设施。运行期间现场应储备一定数量的真空泵和易损管件。

8）本基坑在土方开挖及设备基础地下部分施工期间为连续降水，为保证降水运行安全，施工现场应配备双路电源或自备发电机组，并保证两路电源能及时切换。

9）井点降水施工前应检查供电线路、配电箱的布设是否满足降水要求，备用电源是否准备完毕，已配备符合要求的备用水泵和有关设备及材料是否符合方案要求。

(7) 井点拆除。基坑进行回填后，方可拆除井点系统。拔出井点管多借助于倒链、起重机等。所留孔洞用砂或土填塞，对地基有防渗要求时，地面下 2m 可用黏土填塞密实。

(8) 质量通病的防治。轻型降点降水质量通病防治见表 2-6。

表 2-6　　轻型降点降水质量通病防治详表

通病及现象	原因分析	预防措施
抽水时在周围地面出现沉降开裂及位移	含水层疏干后，土体产生密实效应，土层压缩，地面下沉	限制基坑周围堆放材料，机械设备不宜集中
降水速度过慢或无效，坑内水位无明显下降或不下降	表层土渗水性较强，抽出的水又迅速返回井内	做好地表排水系统，防止雨水倒灌，井点抽水就近排入下水道中
	围护桩施工质量差，不能起止水作用	找出漏水部位，用高压密注浆修补
	进水管、滤网堵塞或泵发生机械故障等	抽水前检验水泵，正式抽水前进行试抽

4. 外排水系统施工

视允许排放的具体路径，应就近采用在排放前端设置沉淀池、挖排水明沟或敷设 *DN*200PPR 塑料管道集中外排的措施。采用挖排水明沟集中明排时，沟底、沟壁应先铺设一层彩条布再覆盖一层土工布覆盖沟底沟壁。基坑工程施工过程中，应及时清理排水沟中的淤泥，以防止排水沟堵塞。

沉淀池容量应不小 8～10m^3，池底设置 800mm×800mm×800mm 的沉砂池，池底、池壁应先铺设一层彩条布再铺设一层土工布，防止渗漏及沉淀池长期浸泡而坍塌。

基坑施工期间安排专人定期观测排水沟、集水井或排水管道是否出现渗漏，若出现渗漏应及时进行修复处理，避免渗漏以预防明沟渗水回流至基坑内，加大井点降水或坑内排水工程量。

当外排水系统采用管道集中外排时，应根据排水量确定排水总管管径和沉淀池的容量及排水设备；排水设备宜采用潜水泵、离心泵或污水泵，水泵的泵量、扬程、水量可根据排水量大小及基坑深度确定。

（二）基坑支护钢板桩施工方法

1. 钢板桩支护施工方案设计

基坑支护采用 12m 长、拉森Ⅳ型钢板桩，其尺寸为 400mm×170mm×15.5mm，钢板桩排桩墙桩顶的标高为－3.000m；钢板桩打入细砂、中砂层内，嵌入土层深度大于基坑支护深度 1 倍以上；采用双拼 H400mm×400mm×13mm×21mm 型钢做围檩、角撑；围檩、角撑顶标高为－3.200～－3.300m。支护钢板桩排桩墙沿水池基础垫层外边沿四周外扩 1.0m 位置连续设置。围檩与每根拉森钢板桩之间空隙需打入木楔抵紧，转角必须设置专用转角桩，对撑、角撑采用与钢板桩配套螺栓连接。

2. 施工准备

(1) 地平面布置。施工道路、钢板桩堆放场地的设置严格按照施工组织设计施工总平面布置图要求进行设置，并且道路布置的原则是便于桩机开进移出以及钢板桩运输和基坑开挖土方的外运。钢板桩堆放场地，应便于大型机械和车辆进出。

(2) 钢板桩材料准备。钢板桩的规格长度应符合基坑支护计算选取的规格长度，钢板桩进入施工现场前均应检查和维修。检查一般采用在小平车上放置一块长 1.5～2.0m 的标准板桩，从头至尾沿被检查板桩滑走一次，发现缺陷随时调整，桩整理维修后在运输过程和堆放时要尽量不使其弯曲变形，避免碰撞，尤其不能将锁口碰坏。

(3) 钢板桩的检验。对钢板桩，一般有材质检验和外观检验，以便对不合要求的钢板桩进行矫正，以减少打桩过程中的困难。

1) 外观检验：包括表面缺陷、长度、宽度、厚度、高度、端部矩形比、平直度和锁口形状等项内容。检查中要注意以下事项：

a. 对打入钢板桩有影响的焊接件应予以割除。

b. 割孔、断面缺损的应予以补强。

c. 若钢板桩有严重锈蚀，应测量其实际断面厚度。原则上要对全部钢板桩进行外观检查。

2) 材质检验：对钢板桩母材的化学成分及机械性能进行全面试验。包括钢材的化学成分分析，构件的拉伸、弯曲试验，锁口强度试验和延伸率试验等项内容。每一种规格的钢板桩至少进行一个拉伸、弯曲试验。每 20～50t 重的钢板桩应进行两个试件试验。

(4) 钢板桩的矫正。钢板桩为多次周转使用的材料，在使用过程中会发生板桩的变形、损伤，使用前应进行矫正与修补。矫正主要包括表面缺陷修补、端部平面矫正、桩体挠曲矫正、桩体扭曲矫正、桩体局部变形矫正、锁口变形矫正等。

锁口润滑及防渗措施，对于检查合格的钢板桩，为保证钢板桩在施工过程中能顺利插拔，应增加钢板桩在使用过程中的防渗性能。每片钢板桩锁口都须均匀涂上混合油，其体积配合比为黄油：干膨润土：干锯末＝5：5：3。重复使用的钢板桩检验标准应符合表 2－7 的规定。

表 2－7　　重复使用的钢板桩检验标准备

检　查　项　目	允许偏差或允许值	检　查　方　法
桩垂直度	＜1%	用钢尺量
桩身弯曲度	＜2%L	用钢尺量
齿槽平直光滑度	无电焊渣或毛刺	用 1m 长的桩段做通过试验
桩长度	不小于设计长度	用钢尺量

注　L 为桩长，mm。

(5) 钢板桩吊运。装卸钢板桩宜采用两点吊。吊运时，每次起吊的钢板桩根数不宜过多，并应注意保护锁口免受损伤。吊运方式有成捆起吊和单根起吊。成捆起吊通常采用钢索捆扎，而单根吊运常用专用的吊具。

(6) 运输及堆放。钢板桩运输一般采用平板拖车运输。钢板桩堆放的地点，要选择在不会因压重而发生较大沉陷变形的平坦而坚实的场地上，并便于运往打桩施工现场。堆放时应注意以下事项：

1) 堆放的顺序、位置、方向和平面布置等应考虑到以后的施工方便。

2）钢板桩要按型号、规格、长度分别堆放，并在堆放处设置标牌说明。

3）钢板桩应分层堆放，每层堆放数量一般不超过 5 根，各层间要垫枕木，垫木间距一般为 3～4m，且上、下层垫木应在同一垂直线上，堆放的总高度不宜超过 2m。并且第一层必须将枕木放置平稳。

（7）机械设备配置。本工程基坑支护采用长 12m 的拉森Ⅳ型钢板桩或 PU400mm×170mm 钢板桩，打桩机采用专业 50t 履带式高频钢板桩打桩机。

（8）作业条件。

1）支护方案审批完成，并经过强度、稳定性和变形计算。钢板桩的设置位置按方案控制线施测完毕（便于基础施工，即基础结构边缘之外留有支、拆模板的余地）。

2）基坑第一层土层（±0.000～－3.000m）开挖完毕后，做好测量放线工作，在基坑边做好轴线、标高测量控制桩。材料机具均已进场并按业主相应管理规定进行报验。

3）钢板桩的平面布置应尽量平直整齐，避免不规则的转角，以便充分利用标准钢板桩和便于设置支撑。

4）依据审批的基坑支护方案修筑施工道路、地表水排除等设施。

（9）作业人员。

1）主要作业人员：机械操作人员、青壮年普工。

2）机械操作人员应经过专业培训并取得相应资格证书，主要作业人员经过安全培训，并接受了技术交底。

3. 施工工序

钢板桩施工工序如图 2－7 所示。

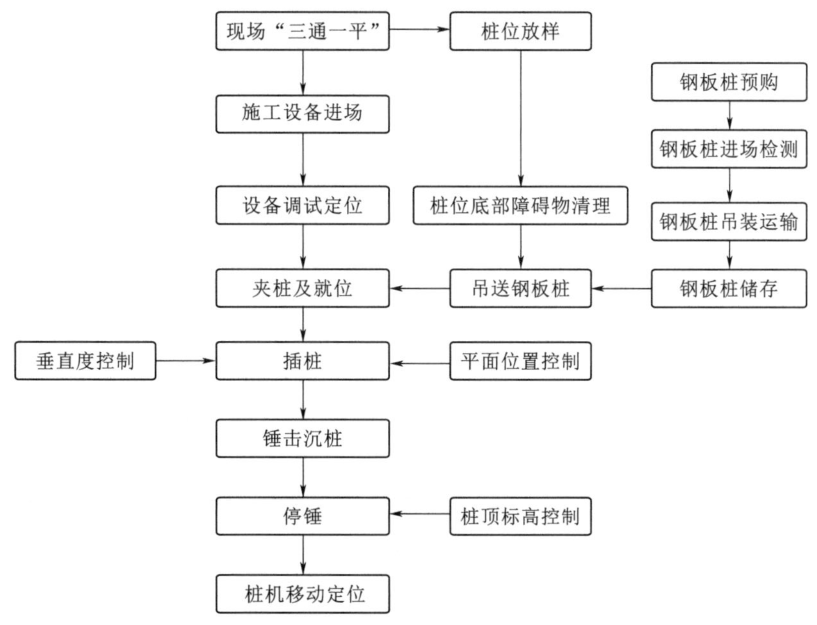

图 2－7 钢板桩施工工序图

4. 钢板桩施工

（1）导架的安装。在钢板桩施工中，为保证沉桩轴线位置的正确和桩的竖直、控制桩的打入精度、防止板桩弯曲变形和提高桩的贯入能力，一般都需要设置一定刚度、坚固的导架，亦称“施工围檩”。

导架采用单层双面形式，通常由导梁和导桩等组成，导桩的间距一般为 2.5～3.5m，两面导架之间的间距不宜过大，一般比板桩墙厚度大 8～15mm。

导架的安装，一般是先打定位桩或作临时施工平台。导架采用在工厂或现场分段制作，在平台上组装，固定在定位桩上。当未设定位桩时，直接放置在施工平台上，待插打入少量钢板桩后，逐渐将导框固定在钢板桩上。安装导架时应注意以下几点：

1）采用经纬仪全站仪和水准仪控制和调整导梁的位置。

2）导梁的高度要适宜，要有利于控制钢板桩的施工高度和提高施工工效。

3）导梁不能随着钢板桩的打设而产生下沉和变形。

4）导梁的位置应尽量垂直，并不能与钢板桩碰撞。

钢板桩导架示意图如图 2-8 所示，其安装施工如图 2-9 所示，成品如图 2-10 所示。

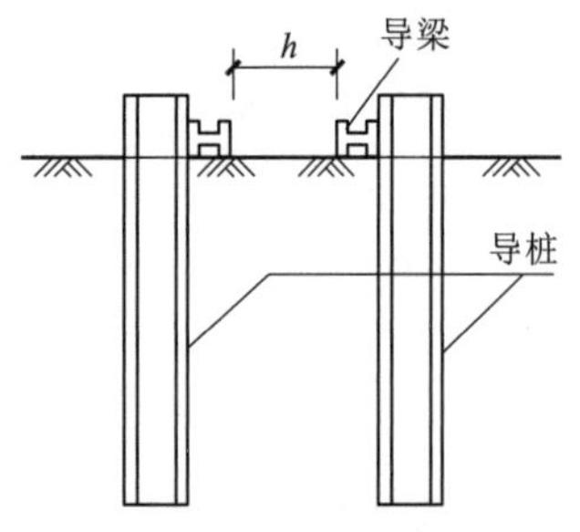

图 2-8　钢板桩导架示意图

图 2-9　钢板桩导架安装施工图

图 2-10　钢板桩导架成品图

（2）钢板桩的施打。

1）选用振动锤为 DZ-90 型、功率为 90kW、激振力为 0～579kN、最大拔桩力为 254kN、质量为 5.8t 的高频振动打桩机施打。打桩时，选用 25t 汽车吊将钢板桩吊至插桩点处进行插桩，插桩时锁口要对准，每插一根即套上桩帽，并轻轻地加以锤击。在打桩过程中，为保证钢板桩的垂直度，用全站仪加以控制。为防止锁口中心线平面位移，应在围檩上预先计算出每一根板桩的位置，以便随时检查校正。

钢板桩插打应从一角开始，先打入角桩，角桩的位置要准、要垂直，倾斜度要小于 1%。然后以第一根角桩为基准，再向两边对称插打钢板桩[3]。钢板桩插打要随时以导梁为准检查所打的钢板桩的位置是否准确、垂直度是否合格，并及时实施纠偏。在整个钢板桩支护排桩墙的施打过程中，开始时插一根打一根，即将每一根钢板桩打到设计位置，到剩下最后 5 根时，要先插后打，若合拢有误，用倒链或滑车组对拉使之合拢。合拢后，再逐根打到设计深度。

2）每根钢板桩应分几次打入，如第一次由 9m 高打至 6m，第二次则打至 3m，第

三次打至导梁高度，待导架拆除后再打至设计标高。打设的第一、第二根钢板桩的打入位置和方向要确保精准，它们可起到样板作用。一般每打入 1m 就应测量一次。

3）首根定位桩施工。对于钢板桩而言，由于桩间锁口相连，下根桩的平面位置及垂直度将受制于上根桩，所以必须严格控制首根定位桩的平面位置及垂直度。选择节点桩作为首根定位装主要考虑如下因素：①节点桩定位计算容易；②可直接控制纵横二条轴线。为控制定位桩的垂直方向偏位，施工时设置导架，在导架上焊接 20mm 钢板进行轴线方向限位。采取上述措施，确保首根桩定位一次成功。按照本工程实际情况考虑转角柱为首根桩。

4）转角处钢板桩应根据转角的平面形状做成相应的异型转角板桩，确保转角处达到止水要求。在长方形、方形基坑支护排墙中，为 90°的角桩。角桩是将工程所用的钢板桩从背面中线处切断，再根据选择的截面进行连接。

5）在打桩过程中，为保证钢板桩的垂直度，用两台经纬仪在两角桩各方向加以控制。通过检测确定第一根钢板桩插打合格后，以第一根钢板桩为基准，再向两边对称插打每一根钢板桩到设计位置。整个施工过程中，要用锤球始终控制每根桩的垂直度，及时调整。

6）每一根钢板桩先利用自重下插，当自重不能下插时，才进行振动加压施打。钢板桩插打至设计标高后，立即与导向架进行焊接；插打过程中，须遵守“插桩正直，分散即纠，调整合拢”的施工要点。

7）钢板桩的转角和合拢。钢板排桩的设计水平总长度并不是钢板桩的标准宽度的整数倍，钢板桩的制作和打设若有误差，均会给钢板排桩的最终合拢施工带来困难，可采用异型板桩法、连接件法、骑缝搭接法、轴线调整法等方法进行调整。钢板桩打入的顺序由四周边线中间或角点处依次向 4 个角合拢。在即将合拢时，开始测量并计算出钢板桩底部的直线距离，再根据钢板桩的宽度，计算出所需钢板桩的根数，按此确定下一步钢板桩如何插打[4]。

a. 合拢前的准备：钢板桩合拢应选择在角桩附近（一般离角桩 4～5 根），如果距离有差距，可调整合拢边相邻一边离导向架的距离。插打至合拢面时，应精确丈量尺寸，考虑到钢板桩锁口的间隙和钢板桩本身的性能，合拢面尺寸应大于理论尺寸 150～200mm 为宜，避免合拢口尺寸过小；再根据钢板桩的宽度计算出所需钢板桩的根数，按此确定下一步钢板桩如何插打（是增加钢板桩，还是钢板桩插打时向外绕圆弧）。

b. 合拢时桩的调整处理：为了便于合拢，与合拢口相邻的 10～15 根钢板桩采取先插至桩的稳定高度（保证钢板桩自身稳定即可），主要有利于钢板桩的调整。并且合拢处的两根桩应一高一低，便于插桩，待合拢后，再将桩打至设计标高。方形钢围堰有 4 个面，打完的每一根钢板桩都要沿导向架的法线和切线方向垂直。为了防止合拢处两根桩不在一个平面内，一定要调整好角桩方向，让其一面锁口与对面的钢板桩锁口尽量保持平行。合拢口的调整措施如下：

（a）当尺寸上大下小时，在合拢口两侧钢板桩上设上下平行吊耳，位置根据尺寸大小的差值而定，利用倒链或转向滑轮进行对位，直至符合要求合拢为止。

（b）当尺寸下大上小时，钢板桩上设置的吊耳，应尽量向桩的下部安置，必要时可安放在水下对位，直至合拢，最后一个角用异型钢板桩连接。

（c）合拢口尺寸上下都小时，应将合拢口的位置设置在合拢面一侧的角桩附近。用千斤顶在钢板桩顶端顶推和设置合拢口向两侧张拉，调整上下尺寸。但要采取保证两侧钢板桩锁口在同一平面内，一般是在桩内外安置活动导向，迫使钢板桩在导梁平面内移动。

（d）由于钢板桩在插打过程中受多方面的影响，整个排桩墙的侧面顺直度较差，工字钢安装后与钢板桩之间有较大的间隙。为防止围堰的变形，将工字钢与钢板桩之间的间隙全部用型钢焊接支撑连接，排桩墙的四个角更应加强。

8）钢板桩的施工中遇到的问题及处理措施：基坑底地质结构复杂，钢板桩打拔施工中常遇到一些难题，常采用如下办法解决：

a. 打桩过程中有时遇上大的孤石或其他不明障碍物，导致钢板桩打入深度不够，则采用转角桩或弧形桩绕过障碍物。

b. 钢板桩在软泥质地段挤进过程中受到泥中块石或其他不明障碍物等侧向挤压作用力大小不同容易发生偏斜，采取以下措施进行纠偏：在发生偏斜位置将钢板桩往上拔 1.0～2.0m，再往下锤进，如此上下往复振拔数次，可使大的块石等障碍物被振碎或使其发生位移，让钢板桩的位置得到纠正，减少钢板桩的倾斜度。

c. 钢板桩沿轴线倾斜度较大时，采用异形桩来纠正，异形桩一般为上宽下窄和宽度大于或小于标准宽度的板桩，异形桩可根据实际倾斜度进行焊接加工；倾斜度较小时也可以用卷扬机或葫芦和钢索将桩反向拉住再锤击。

d. 软泥质基础较软，有时施工发生将邻桩带入现象，采用的措施是把相邻的数根桩焊接在一起，并且在当前施工打桩的连接锁口上涂以黄油等润滑剂减少阻力。

（3）围檩、角撑、内撑的安装、拆除。

1）围檩加工：围檩距桩顶标高 200mm，设置于钢板桩排桩墙的内侧，钢板桩合拢后实测围檩的实际尺寸，按实测尺寸将单根围檩型钢下料成形。

2）围檩安装、拆除：钢板桩合拢后及时进行顶部围檩安装，先安装焊接与围檩配套的型钢牛腿，牛腿自阳角位置开始设置，间距 3m；一侧牛腿安装焊接完毕后，用吊车将型钢围檩吊装到牛腿上焊接牢靠，与桩顶保持水平一致侧面平直即可。

3）角撑安装、拆除：围檩安装完毕即可安装角撑，角撑顶标高与围檩顶标高保持一致，本工程各基坑均设置一道角撑。采用吊车将提前加工制作符合设计或配套的型钢围檩吊装至角撑位置焊接牢固，顶标高与围檩保持水平一致即可。

针对本工程基坑结构均为二级以上水池的特点，角撑待各水池平衡层和底板混凝土浇筑完毕，平衡层底板外侧四周回填土分层夯实至水池底板顶标高位置，钢板桩排桩墙监测变形在报警值范围内时，可将角撑拆除。

围檩应对称间隔拆除，避免瞬间预加应力释放过大而导致结果局部变形、开裂。拆除围檩应配合基坑回填分阶段地进行，防止钢板桩受力过大变形严重无法拔除。

4）内撑安装、拆除：针对本工程特点结合本项目施工经验，本基坑支护所设计的内侧作为基坑支护钢板桩排桩墙水平、竖向及地面变形超过设计基坑监测报警值时的应急预防措施。施工期间当支护钢板桩排桩墙水平、竖向及地面变形超过设计基坑监测报警值时，立即停止地下结构所有工序作业，将提前按方案加工或与支护结构配套的内撑用吊车吊装至设计位置或支护排桩墙变形超过监测值的位置与围檩或钢板桩焊接牢固即可。内撑拆除与围檩、角撑要求相同。

（4）拔桩方法。

1）静力拔桩法。静力拔桩一般可采用独脚把杆或大字把杆，并设置缆风绳以稳定把杆。把杆顶端固定滑轮组，下端设导向滑轮，钢丝绳通过导向滑轮引至卷扬机，也可采用倒链用人工进行拔出。把杆常采用钢管或格构式钢结构，对较小、较短的板桩也可采用大把杆。

2）振动拔桩法。振动拔桩是利用振动锤对板桩施加振动力，扰动土体，破坏其与板桩间的摩阻力和吸附力并施加吊升力将桩拔出。这种方法效率高、操作简便，是广泛采用的一种拔桩方法。振动拔桩主要选择拔桩振动锤，一般拔桩振动锤均可作打、拔桩之用。

3）拔桩顺序。对于封闭式钢板桩墙，拔桩的开始点离开桩角5根以上，必要时还可间隔拔除。拔桩顺序一般与打桩顺序相反。

4）拔桩要点：

a. 拔桩时，可先用振动锤将板桩锁口振活以减少土的阻力，然后边振边拔。对较难拔出的板桩可先用柴油锤将桩振打下100～300mm，再与振动锤交替振打、振拔。有时，为及时回填拔桩后的土孔，在把板桩拔至此基础底板略高时（如500mm）暂停引拔，用振动锤振动几分钟，尽量让土孔填实一部分。

b. 起重机应随振动锤的起动而逐渐加荷，起吊力一般小于减振器弹簧的压缩极限。供振动锤使用的电源应为振动锤本身电动机额定功率的1.2～2倍。

c. 对引拔阻力较大的钢板桩，采用间歇振动的方法，每次振动15min，振动锤连续工作不超过1.5h。

5）桩孔处理。钢板桩拔除后留下的土孔应及时回填处理，特别是周围有建筑物、构筑物或地下管线的场合，尤其应注意及时回填，否则往往会引起周围土体位移及沉降，并由此造成邻近建筑物等的破坏。土孔回填材料常用砂子，也有采用双液注浆（水泥与水玻璃）或注入水泥砂浆。回填方法可采用振动法、挤密法、填入法及注入法等，回填时应做到密实并无漏填之处。

5. 钢板桩防渗漏措施

（1）钢板桩渗漏一般出现在锁口和转角桩位置，施工前用同型号的短钢板桩做锁口渗漏试验，检查钢板桩锁口松紧程度，过松或过紧都可能导致钢板桩施工后渗漏；

施打前在钢板桩锁口内抹黄油；施打时控制好垂直度，不得强行施打，损坏锁口。

（2）入土部分钢板桩在开挖时若发生渗漏现象，钢板桩内侧锁扣处用棉絮、麻绒等在板内侧嵌塞。

（3）钢板桩支护转角处必须采用角桩，如连接不够紧密，宜发生流砂现象。

（4）基坑在开挖抽排水时必须及时实施堵漏处理，一般的做法是在钢板桩施打过程中用黄油掺加锯末填充物填塞接缝，或者在两钢板桩接缝处灌注石英砂与炭粉混合物；漏水严重堵漏困难时，在两钢板桩接缝外侧粘贴带有磁性的止水条；在实际施工过程中根据漏水情况，选择以上一种或多种堵漏方案进行漏水处理。

6. 质量标准

（1）钢板桩围护墙施工前，应对钢板桩的成品进行外观检查。

（2）钢板桩围护墙的质量检验应符合表 2－8 的规定。

表 2－8　　钢板桩围护墙的质量检验表

项目	检测项目	允许值或允许偏差	检查方法
主控项目	桩长	不小于设计值	用钢尺量
	桩身弯曲度	≤2%L	用钢尺量
	桩顶标高	±100mm	用水准仪测量
一般项目	齿槽平直度及光滑度	无电焊渣或毛刺	用 1m 长的桩段做通过试验
	沉桩垂直度	≤1/100	经纬仪检查
	轴线位置	±100mm	经纬仪或用钢尺检查
	齿槽咬合程度	紧密	目测法

注　L 为桩长，mm。

7. 成品保护

（1）钢板桩施工过程中应注意保护周围道路、建筑物和地下管线的安全。

（2）基坑开挖施工过程对排桩墙及周围土体的变形、周围道路、建筑物以及地下水位情况进行监测。

（3）基坑、地下工程在施工过程中不得伤及排桩墙墙体。土方开挖时，挖掘机挖斗应离开钢板桩排桩墙 300mm 的距离垂直下挖，挖掘机不得碰撞钢板桩排桩墙体。

（三）基坑土方开挖

1. 基坑土方开挖条件

（1）基坑支护钢板桩排桩墙施工完毕，轻型井点降水运行正常，基坑内地下水位降至拟开挖下层土方的底面以下 500mm 及以下。

（2）自自然地面至标高－3.000m 放坡大开挖土方开挖完毕，基坑边坡除外运土方车辆出入坡道外的边坡护坡修筑完毕，且边坡护坡混凝土强度应达到设计混凝土强度的 50%及以上。坡道加固材料进场。

（3）外运土方的临时道路按施工组织设计要求施工完成，弃土场地符合业主相应管理规定，覆盖堆土方的土工布等遮盖材料进场。

（4）施工机械进场并按业主相应管理规定进行了报验与检维修。

（5）基坑临边围栏按方案设计搭设完毕，搭设作业人员作业进出基坑的马道材料按方案要求已进场。

2. 土方开挖施工工艺流程

定位放线→开挖线放样→标记开挖边缘→第一层土方剥离→第二层土方剥离→第三层土方剥离→钢板桩施工→有支护土方剥离→支撑安装→有支护土方开挖→基底清理→放坡边坡休整及整理→余土清运。

3. 测量放样

（1）基坑开挖线计算。依据设计总图，水池基坑平面尺寸，开挖深度，以及施工方案设计的基坑放坡坡率、台阶宽度、工作面宽度、基坑底部和顶部排水沟设置截面、井点降水设置位置等技术参数，采用计算机应用技术计算确定基坑上、下口开挖边线，坡度控制线，井点降水井点管设置位置控制线，基坑支护钢板桩的平面位置控制线或相应几何尺寸、坐标和标高。

（2）放样。基坑测量放样先采用全站仪极坐标法或角度测绘法将基坑顶部上口角部、基坑底部下口角部、边坡控制线角部、井点降水、支护钢板桩控制线等角部坐标投测到地面上，并设置延长桩或龙门板，再拉线绳撒白灰进行标识。

4. 放坡大开挖

（1）放坡大开挖的施工工序。基坑顶部一级轻型降点降水、排水沟、集水井施工完毕，运行正常，且监测地下水位降至标高－4.000m 左右后，再进行开挖，穿插基坑临边脚手架钢管护栏搭设、基坑边坡修坡、坡面喷射混凝土面层的施工工序顺序进行施工。

（2）外运土方临时道路和坡道。本基坑土方开挖设计为挖土机械和外运土方车辆进入基坑内作业。基坑内临时外运土方道路和坡道，随基坑土方开挖加深的同时，适时穿插施工。基坑内临时道路采取挖掘机开挖，经平整、碾压，铺设 4m 宽、20mm 厚的钢板作为临时道路的路面。基坑边坡道采取挖掘机开挖，平整、碾压原基坑边坡原状土作为坡道的路床；铺设 800mm 厚毛石，填充中粗砂作为坡道路基；铺设 150～200mm 级配砂石面层或直接铺设 25mm 厚钢板作为坡道面层。坡道坡比应不大于 1∶8。

（3）放坡大开挖土层开挖。水池自自然地面至标高－3.000m 的位置为放坡大开挖土方的开挖。放坡大开挖土方开挖深度 3m，竖向分为 2 层，每层厚度约 1.5m，竖向分层如图 2－11 所示。采用 1 台挖掘机自基坑短边端头向基坑长边中部倒退岛式斜面分层自上而下放坡大开挖，边坡坡率 1∶1.5，台阶宽度 2m。

土方开挖采用反铲挖掘机开挖为主，人工挖掘、修坡为辅，外运土方自卸车置于挖掘机的后边或左右两侧，随开挖随装车随外运土方。开挖顺序为先开挖两侧再开挖中部，自上而下竖向分两层，每层厚度约 1.5m；挖掘机开挖不到的位置，如基坑的角部、边坡坡面的土方等，均采用人工挖掘和铲除的施工方法。

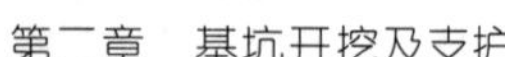

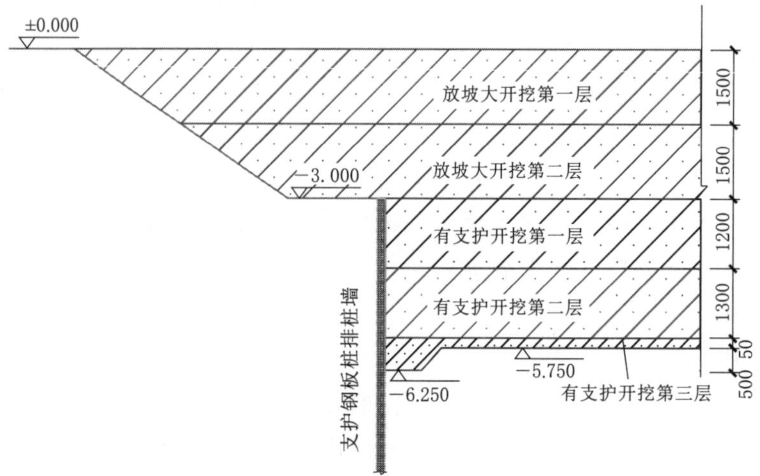

图 2-11　炼油第二循环水场污水提升池基坑土方开挖竖向分层剖面图

（4）安排专人指挥。开挖时，设专人指挥，配合辅助挖掘机开挖的作业人员，在机械作业状态下的回转半径以外作业。开挖过程中确保坡壁无超挖，坡面无虚土，坡面坡度与平整度符合设计现行规范要求。挖掘机卸土装车待运输车辆停稳后进行，铲斗不得撞击运输车的任何部位，回转时严禁铲斗从运输车辆驾驶室顶上越过。

（5）基坑边坡修坡。边坡修坡采用自上而下挂小线人工挖掘、铲除的方法修坡。严禁边坡修坡采用挖掘机修整边坡扰动边坡土层的野蛮施工方法。边坡修坡施工的同时及时穿插边坡防护施工，防止边坡土层长期裸露暴晒引起基坑坍塌。

5. *有支护土方开挖*

（1）有支护土方开挖的原则。本基坑土方采取挖土机械外运土方车辆进入基坑内开挖外运土方的施工方法。开挖遵循“自上而下、水平分段、竖向分层、对称、均衡、限时开挖”的原则进行开挖。开挖以挖掘机开挖为主，人工开挖为辅，随开挖随装车外运土方，适时修筑外运土方道路坡道倒退岛式开挖的施工方法。

（2）开挖条件。基坑外一级、二级轻型降点降水运行正常，将地下水位降至设计基底标高 0.5m 及以下；支护排桩墙围檩、角撑安装完毕；基坑边坡护坡喷射混凝土达到设计强度 50%及以上，预防钢板桩排桩墙倾斜、渗漏措施材料如型钢对撑、止水条或棉絮等进场。

（3）有支护土方开挖方式方法。支护土方开挖深度 2.75～3.25m，竖向分为 3 层，第一层厚 1.20m，第二层厚 1.30m，第三层为预留土层，厚度为 0.25～0.75m。开挖采取 1 台挖掘机置于基坑短边的端头倒退岛式开挖，随开挖随装车外运，适时修筑基坑内临时道路和坡道；人工清挖预留土层（第三层）和集水坑位置的土方。

（4）支护土方开挖。基坑支护的土方开挖采用 1 台挖掘机置于基坑短边端头向设置坡道位置倒退岛式开挖为主，人工开挖为辅，随开挖随装车外运土方，适时修筑基坑内外运临时道路、坡道的施工方法。

开挖时，先将挖掘机置于基坑短边的端部，运输车辆置于挖掘机后方或左右侧面，随挖掘随装车外运土方。开挖时，先挖除两侧再挖除基坑中部的土方。

开挖钢板桩排桩墙内侧土方时，挖掘机挖斗应距排桩墙内侧不小于 300mm 的位置垂直下挖，挖斗向内慢慢勾起垂直提起挖斗离开钢板桩排桩墙桩顶不小于 1m 高度后方可回转卸土装车。卸土装车应待运输车辆停稳后进行，铲斗不得撞击运输车的任何部位，回转时严禁铲斗从运输车辆驾驶室顶上越过。

靠近支护排桩墙附近的土方、基坑暂留土层、集水坑、坑底排水沟、集水井部位土层采用人工挖掘、铲除，并及时用手推车或小型装载机运到挖掘机能够开挖位置或设置坡道位置与基坑土方或坡道开挖的同时开挖装车外运。

开挖时，挖掘机先开挖至标高－4.500m 左右距设置坡道位置的 1/2 位置时，将第一层挖除土方形成的高差开挖成 1:1.5 的临时边坡和 1:8 的 4m 宽坡道；坡道上铺设 20mm 厚钢板。再将挖掘机置于第一层土方开挖的端头开挖第二层标高的土方。按上述要求先开挖两侧土方，再开挖中部土方，随开挖随装车外运。挖掘机开挖不到的基坑角部和坡面等土方，人工配合及时挖掘、铲除运至挖掘机能开挖到位置，以便挖掘机开挖装车外运。依次循环倒退岛式开挖至基底预留土层标高位置。预留土层（第三层）和集水坑位置的土方人工清挖，将开挖土方装入挖掘机料斗中，由挖掘机装入自卸车中外运。

(5) 集水坑、暂留土层及清底。必须严格按照设计或施工方案要求，基坑底排水沟、集水井的土方和暂留土层，由人工挖掘修底。清底时，在距基坑底设计标高以上 200～300mm 的基坑边支护钢板桩上抄出水平线，用不易褪色的红色或蓝色油漆进行标识；然后用人工将暂留土层挖除；并及时用手推车或小型装载机转运至挖掘机能挖掘到的位置或设置坡道位置集中堆放，并及时用挖掘机挖除装车外运或随开挖坡道的同时开挖、装车、外运。

6. 堆土及运输

本工程在坑顶距基坑边沿四周 12m 的范围内不得堆置土方、材料、修筑施工临时道路及行驶震动性较大的施工机械；以降低震动或施加荷载对基坑边坡土层的稳定产生扰动引起的坍塌。

基坑开挖的所有土方外运堆放在业主指定的堆土场或不影响施工的装置空闲场地位置，并堆成不大于 1.5m 的高长条形或方形，且堆土四周边坡的坡度率不得小于 1:1.5；堆土时，土堆四周边坡用挖掘机挖斗或装载机机斗将边坡土层压实、修整成 1:1.5 的边坡，并用绿色阻燃型密目网或土工布覆盖。

7. 基底标高测量及控制

基坑开挖时，测量人员全程跟踪测量，采用水准仪根据设计混凝土垫层底标高，抄测出基坑底标高控制线，采用记号笔或不易褪色红色、蓝色油漆将基底标高标注在支护钢板桩的外侧桩身上，其标识宜相对基底标高高 200～300mm；以便于基坑底标高控制和基底整平。

8. 土方开挖质量标准

土方开挖工程的质量标准应符合表2-9的规定要求。

表2-9　　柱基、基坑、基槽土方开挖工程的质量检验标准

项	项　目	允许偏差或允许值	检验方法
主控项目	标高	0；-50mm	水准仪
	长度、宽度（由设计中心线向两边量）	+200mm；-50mm	经纬仪、钢尺量
	坡率	设计要求	观察或用坡度尺检查
一般项目	表面平整度	±20mm	用2m靠尺和楔开塞尺检查
	基底土性	设计要求	观察检查或土样分析

（四）基坑边坡喷锚护坡施工方法

1. 施工方案设计

采用HRB400、直径14mm、长600～800mm的短钢筋做土钉，土钉纵横间距排距2m，上铺丝径不小于2.5～3mm、网孔不大于100mm×100mm的镀锌钢丝网，再喷射60mm厚细石混凝土面层。坡面每间隔6m×6m设置1个泄水孔。基坑顶部应扩展至基坑顶部排水沟内侧，基坑底部应扩展至基础垫层边沿，以防止基坑隆起。

2. 喷锚施工方法

（1）坡面修整。基坑坡面修整待基坑开挖至一级台阶位置时人工自上而下、分段分块挂小线挖掘、铲除坡面凹凸不平土层或浮土，基坑各侧面自上而下、分段、分块交替进行至坡底，平面修整、挖掘、铲除应保证边坡的坡道和平整度。

（2）打设钢筋土钉。土钉采用HRB400、直径14mm的钢筋加工成长800mm短钢筋，自上而下挂线打设钢筋土钉，土钉纵横间距排距2m梅花形设置，且垂直坡面打设深度不小于750mm；并且土钉应在一级台阶、基坑顶部至排水沟内侧均应设置。

（3）挂钢丝网。挂钢丝网待钢筋土钉打设一定数量或基坑某侧一个坡面后自上而下进行，钢丝网采用20号绑扎铁线将钢丝网片与土钉绑扎固定；并且钢丝网与坡面间隙不应小于30mm。

钢丝网采用搭接方式接长接宽，搭接宽度或长度不得小于300mm；在每步工作面上的网片筋应预留与下一步工作面网筋搭接长度。

（4）埋设控制混凝土厚度的标志。每侧边坡坡面自上而下纵横每隔5m×5m插一根等于护坡混凝土厚度的小竹片或短钢筋，作为控制坡面喷射混凝土厚度的标志。

（5）喷射护坡混凝土。边坡面层采用喷射厚度不小于60mm的C20混凝土，并且分两遍进行。其施工应符合下列要求：

1）喷射混凝土前应对机械设备等进行全面检查及试运转，清理待喷坡面，设好控制喷层厚度的标志。

2）喷射混凝土采用C20预拌混凝土或自拌混凝土，混凝土配合比为水泥∶砂∶细石=1∶2∶1.2（该配合比应经商品混凝土搅拌站经试配确定）。

3）喷混凝土分段分片依次进行，同一段内喷射顺序自下而上，段、片之间，层与层之间做成45°角的斜面，以保证细石混凝土前后搭接牢固，并凝结成整体。喷射时先将低洼处大致喷平，再自下而上顺序分层、往复喷射。

4）喷射混凝土时，喷头与受喷面应保持垂直，并保持0.6～1.0m的距离；喷射手应控制好水灰比，保持喷射混凝土表面平整，湿润光泽，无干斑或滑移流淌现象。

5）第一层混凝土厚度控制为25～35mm。喷射混凝土终凝2h后，应及时浇水养护，保持其表面湿润。

6）第二层混凝土喷射待第一层混凝土终凝有一定强度时，即可进行第二遍面层混凝土喷射。喷射混凝土前先将钢丝网片与土钉绑扎牢固再进行混凝土喷射作业。

7）喷射混凝土自下而上分层喷射，顺序可根据地层情况"先锚后喷"，土质条件不好时采取"先喷后锚"，喷射作业时，空压机风量不宜小于9m/min，气压0.2～0.5MPa，喷头水压不应小于0.15MPa，喷射距离控制为0.6～1.0m，通过外加速凝剂控制混凝土初凝和终凝时间为5～10min。

8）面层喷射混凝土终凝后2h应喷水养护，养护时间宜为3～7d，养护采用喷水养护。

9）供水设施应保证喷头处水压0.10～0.20MPa，工作风压应满足喷头处压力0.10～0.15MPa。

10）喷射作业完毕或因故中断时，必须将喷射机和输料管内的积料清除干净。

（6）喷射混凝土作业应符合下列要求：

1）作业人员应佩戴防尘口罩、防护眼镜等防护用具，并避免直接接触液体速凝剂，不慎接触后应立即用清水冲洗，非施工人员不得进入喷射混凝土作业区，施工中喷嘴前严禁站人。

2）喷射混凝土施工中应经常检查输料管、接头的使用情况，当有磨损、击穿或松动时应及时处理。

3）喷射混凝土作业中如发生输料管堵塞或爆裂时，必须依次停止投料、送水和供风。

（7）泄水管设置。坡面泄水管采用*DN*25～*DN*32PPR塑料管，并将埋入端管口用钢丝网包裹，以排渗透于坡面的上层滞水。滤水管纵横间距6m×6m或3m×8m，自上而下包括一级平台位置均应设置，在喷射混凝土前边坡修整后及时安装，安装时，先在滤水管位置开挖300mm×300mm坑，将提前制作好的滤水管置于坑内再在坑内填充单粒级配碎石滤水层。

3. 施工质量验收标准

（1）喷层与基层之间以及喷层之间应粘接紧密，不得出现空鼓现象。

（2）喷层厚度有60%以上检查不得小于设计厚度，最小厚度不得小于设计厚度的50%，平均厚度不得小于设计厚度。

（3）喷射混凝土应密实、平整，无裂缝、脱落、漏喷、露筋。

（4）喷射混凝土表面平整度 D/L 不得大于 1/6。

第三节　深基坑开挖及支护施工总结

炼油第二循环水场污水提升池实际施工过程中，因现场地质情况受限，另外水池周围有配套机泵基础及道路通过，无法采用放坡开挖的工艺进行施工，单通过钢板桩锚固力学计算，使用单一的钢板桩支护，无法满足基底钢板桩锚入地底的抗压承载力。故采用上部放坡开挖、喷锚支护及下部钢板桩支护的复合支护方式进行施工。充分利用两种支护模式的优点相结合，确保基坑稳定。

一、钢板桩＋喷锚复合型支护施工的优缺点

（一）优点

钢板桩＋放坡喷锚支护方式，结合了放坡支护稳定但占用场地大和钢板桩支护占用场地小但基坑深度过大影响稳定性的特点，使二者充分结合，既节省场地占用面积，又增强支护稳定性，达到最优的施工效果。

钢板桩作为一种出色的环保型建筑施工材料，具有以下特点：

（1）强度高，轻型，防水性能好。

（2）耐久性强，使用年限可以达到 30～50 年。

（3）可以重复使用，大大减少基坑施工过程中钢筋、混凝土等一次性建材的投入。

（4）施工简单，工期缩短，有效节省整体成本控制。

喷锚支护作为最传统的基坑支护工艺，目前已经形成较为完善的施工工艺技术及施工流程。加之喷锚施工无需占用大量的人材机等资源，有效降低工程成本。

复合型基坑支护能有效解决在城市建设过程中因场地受限无法放坡开挖、基坑较深无法满足基坑稳定等施工难题，相较传统的灌注桩、SWM 工法桩等施工工艺，有效节约施工成本。

（二）缺点

（1）钢板桩支护施工，前期一次性投入较大，综合最近几年钢铁价格走势情况，钢板桩因其复杂的制作工艺，价格连续走高，对于单独的，无法重复使用钢板桩的工程而言，一次性投入过大。

（2）钢板桩及喷锚施工，因其施工工艺制约，产生噪声较大。严重影响周边环境。

（3）钢板桩施工受制于地质条件影响较大，因其使用震动液压的施工方法，对于地质情况复杂，地下存在有石层及孤石的地段，无法插打到位，造成基坑支护不连续，影响基坑整体稳定性。

（4）放坡喷锚结合钢板桩支护，造成基坑上口横断面加大，增加基坑主体结构施

工过程中物料运输距离，增加施工成本。

（5）钢板桩在插拔过程中，因其震动效果，对周边建筑物存在较小的扰动，特别是钢板桩拔除之后，因其形成的空腔效果，会造成周边地面塌陷，应充分考虑后期注浆等补救工艺。

二、施工经验与体会

随着国内经济建设的高速发展，目前各类深基坑工程大量出现在各类高层建筑、市政工程、化工建设等领域。根据工程施工特点及现场的实际条件，在选择深基坑支护工艺的过程中，充分考虑基坑的安全、场地限制、地质情况、环境影响、经济效益等综合情况。经过论证及验算，充分利用各种工艺的优点，合理规避缺点，在满足施工要求的前提下，达到最优效果。主要有以下几方面的经验及体会。

（1）深基坑支护在选择施工工艺、确定施工方案之前，需要优先考虑现场地质情况、场地限制等关键因素。确保基坑安全稳定，是整个深基坑施工过程中的重中之重。

（2）采用复合型支护模式施工，需考虑支护结合断面的细部做法，提前绘制相关图纸文件，综合验算结合部位承载力、稳定性，避免因前期技术准备工作不足造成非必要的返工风险。

（3）深基坑施工必须考虑地下水对整个施工过程的影响，提前考虑止水工艺，降低施工区域地下水位或做好止水帷幕，对整个基坑支护的施工起到决定性影响。

（4）对复合型基坑支护的应用要做到举一反三，考虑钢板桩＋灌注桩、钢板桩＋SWM工法桩、灌注桩＋SWM工法桩等复合型支护工艺，择优选择，扬长避短，达到最合理、最优的施工效果。

（5）钢板桩施工工艺因其高效、快捷等特点，目前被广泛应用在工程建设、救灾抢险等领域，但目前关于钢板桩施工的工艺技术，国内没有完善的规范及技术标准，在施工过程中应对现场施工情况及时监测，及时调整，结合相关成功案例，加强现场施工质量的把控。

随着科学技术的进步，各种新型的施工工艺不断地被应用在各类施工建设中来。施工工艺的选择的范围及应用也越来越大。但无论施工工艺如何更新，在整体的工程建设中，本着“安全第一、质量至上、节能高效”的原则。做好开工之前的技术理论支撑准备，加强施工过程中的调度质量管理，是建设优质工程项目的良好基石。

第三章 钢筋连接技术

第一节 钢筋连接技术工艺概况

一、钢筋连接工程简况

项目部承接广东石化炼化一体化项目主要工程内容为土建专业内容，其中大型建筑物及构筑物居多，炼油第二循环承建循环水冷却塔 6 座，均为钢筋混凝土结构，单座冷却塔长 51.4m、宽 21.6m、高 16.6m，为大跨度工业构筑物；厂前区承建综合宿舍楼 1 座，建筑轴线长 42m、宽 50.4m，占地面积 1463.72m^2，建筑面积约 6570.56m^2，共 4 层，建筑主体高度 16.5m。化工区事故水转输池，池体长 130.6m、宽 90.6m，为三角形水池；雨水收集池池体长 448.46m、宽 20m、高 6.95m。钢筋工程作为以上工程中重要分项施工内容。全项目采购钢筋合计约 2500t，其中大直径钢筋占比约为 1100t，钢筋连接技术的推广及应用对整个工程进度的控制及成本的管控具有深远意义。

二、施工特点、重点及难点

针对本工程中的大型构筑物及建筑物，存在结构跨度大、梁柱截面尺寸大、配筋率高、钢筋连接工程量大、钢筋规格尺寸复杂等情况。因市场供应问题，钢筋采购过程中会存在不同厂家、不同炉批号的钢筋采购进场情况，对于钢筋原材的检验及钢筋连接试拉件的检测工作造成一定困难。钢筋连接工艺根据现场实际情况，主要选择搭接连接及机械连接两种工艺施工，现场钢筋工程施工均为高空作业内容，现场具体操作存在一定的危险性及不可控因素。

三、采取的主要措施

根据现场承建建（构）筑物特点，对大跨度、大截面的钢筋混凝土构件提前做好

相关专项施工方案，并进行逐工序、逐部位交底。培训相关钢筋工现场实际操作钢筋连接加工技术，熟练掌握钢筋连接加工机械的使用性能及不同直径钢筋的加工几何尺寸数据。

对于原材料的采购通过项目部“集中汇总，集中采购”的原则，由采购部门汇总所需钢筋原材量，统一招标，集中采购，确保钢筋原材的厂家及炉批号尽量统一，为后续的检验检测工作创造条件。

现场钢筋连接施工，根据搭接和机械连接两种工艺，专业工程师根据现场施工进度，进行跟进检查。依据相关规范要求，对完成工序进行逐个检查。使用钢筋力矩扳手排查钢筋机械连接扭矩，确保钢筋连接的合格率在可控范围之内。

第二节　钢筋连接技术施工方案及方法

建筑工程中大量采用钢筋混凝土结构，而钢筋混凝土的构件形状千变万化，钢筋的生产是按照固定的长度既定尺寸生产的，故钢筋在施工时要将两根钢筋连接起来传递受力，两根钢筋连接处五门称之为“钢筋接头”，本工程钢筋连接形式主要分为绑扎及焊接、机械直螺纹连接两种工艺形式。其中钢筋直径不大于16mm的钢筋采用搭接绑扎或搭接焊接的工艺连接，钢筋直径大于16mm的钢筋采用直螺纹套筒连接的工艺连接。

一、钢筋原材控制及复检

本工程建设所使用钢筋主要为一级钢筋和三级钢筋，直径（d）为6～36mm。其中，6mm$\leqslant d<$12mm的钢筋为一级钢筋，采用HPB300钢筋；$d\geqslant$12mm的钢筋为三级钢筋，采用HRB400钢筋。所有钢筋进场均要符合现行国家标准的有关规定。

（1）每次进场钢材必须有出厂合格证明、原材质量证明书和原材试验报告单，进场钢筋原材力学性能试验结果必须符合规范要求。

（2）进场钢筋规格、形状、尺寸必须符合相关规范要求。

（3）进场钢筋由物资部门牵头组织验收，检查分两步进行。

1）外观检查：每批钢筋抽取5%进行检查，钢筋表面不得有裂纹、结疤和折叠，表面凸块不得超过横肋高度，每1m长度弯曲不大于4mm，交货时随机抽取10根称重，其重量偏差不得超过允许偏差。

2）试验检查：每批钢筋中任选两根，每根上截取两个试件进行拉伸试验和冷弯试验，如果有一项试验结果不符合要求，则从同一批中另取双倍数量重新作各项试验，如仍有一个试件不合格，则该批钢筋判定为不合格，退回厂家并做好相关物资管理记录和重新进场计划。钢筋进场检验、原材与连接试件送检、报验流程如图3-1所示。

二、绑扎搭接及搭接焊接工艺

钢筋搭接分为焊接搭接及绑扎搭接，其中焊接工艺又分为搭接焊接及帮条焊接。

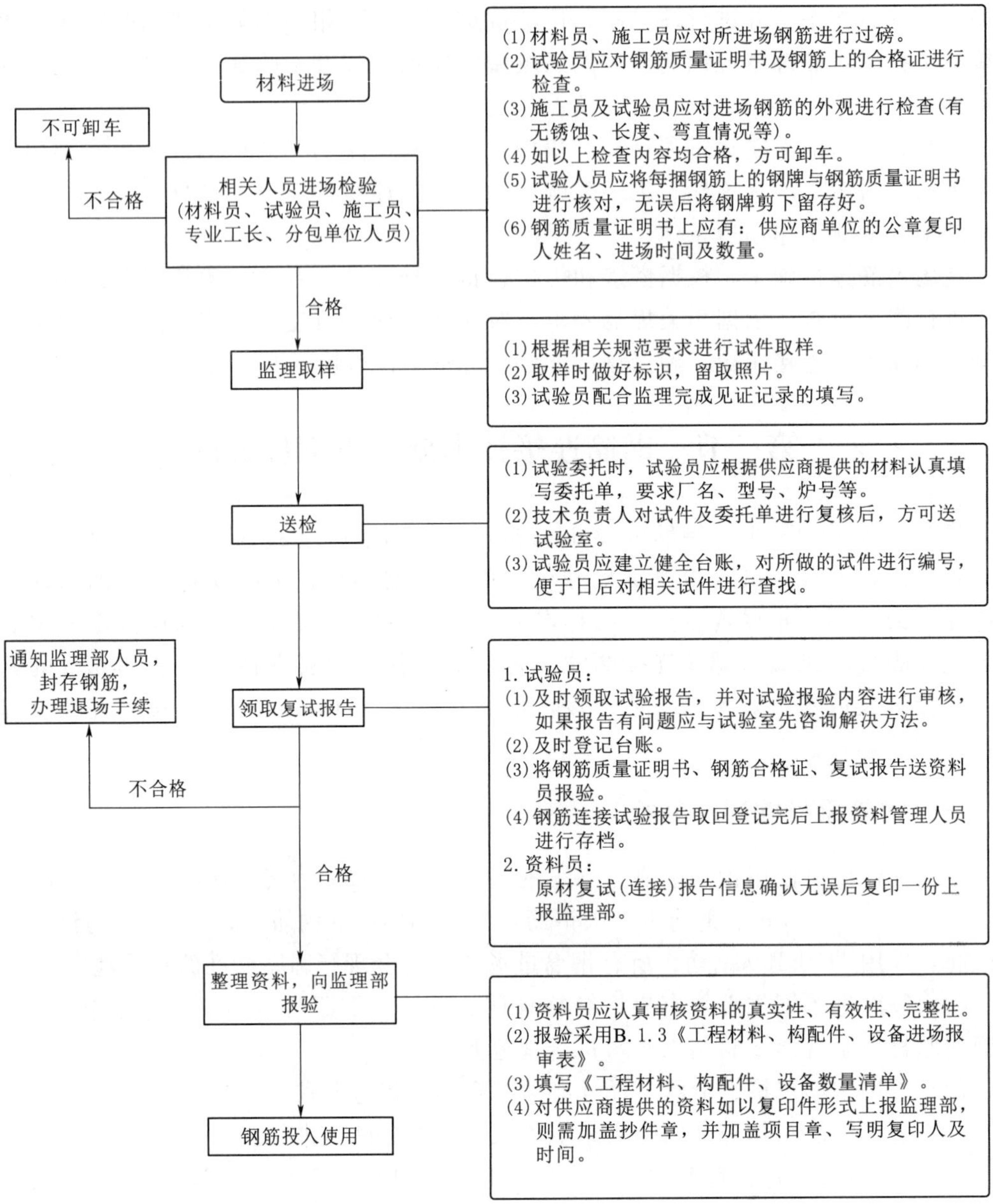

图 3 - 1　钢筋进场检验、原材与连接试件送检、报验流程

(一) 钢筋绑扎搭接工艺

1. 作业条件

(1) 钢筋进场后应检查是否有出厂证明、复试报告，并按施工平面图中指定的位置，按规格、使用部位、编号分别加垫木堆放。

(2) 钢筋绑扎前，应检查有无锈蚀，除锈之后再运至绑扎部位。

(3) 熟悉图纸，按设计要求检查已加工好的钢筋规格、形状、数量是否正确。

(4) 做好抄平放线工作，弹好水平标高线及柱、墙外皮尺寸线。

（5）根据弹好的外皮尺寸线，检查下层预留搭接钢筋的位置、数量、长度，如不符合要求时，应进行处理。绑扎前先整理调直下层伸出的搭结筋，并将锈蚀、水泥砂浆等污垢清除干净。

2. 柱筋绑扎

（1）工艺流程：套柱箍筋→搭接绑扎竖向受力筋→画箍筋间距线→绑箍筋→检查。

（2）套柱箍筋：按图纸要求间距，计算好每根柱箍筋数量，先将箍筋套在下层伸出的搭接筋上，然后立柱子钢筋，在搭接长度内，绑扣不少于3个，绑扣要向柱中心，如果柱子主筋采用光圆钢筋搭接时，角部弯钩应与模板成45°，中间钢筋的弯钩应与模板成90°角。

（3）画箍筋间距线：在立好的柱子竖向钢筋上按图纸要求用粉笔画箍筋间距线。

（4）柱箍筋绑扎：按已划好的箍筋位置线，将已套好的箍筋往上移动，由上往下绑扎，宜采用缠扣绑扎。箍筋与主筋要垂直，箍筋转角处与主筋交点均要绑扎，主筋与箍筋非转角部分的相交成梅花交错绑扎。箍筋的弯钩叠合处应沿柱子竖筋交错布置，并绑扎牢固。有抗震要求的地区，柱箍筋端头应弯成135°，平直部分长度不小于$10d$（d为箍筋直径）；柱上下两端箍筋应加密，加密区长度及加密区内箍筋间距应符合设计图纸要求。要求箍筋设拉筋，拉筋应钩住箍筋。

（5）柱筋保护层厚度应符合规范要求，柱筋外皮为25mm，垫块应绑在柱竖筋外皮上，间距一般为1000mm（或用塑料卡卡在外竖筋上）以保证主筋保护层厚度准确。当柱截面尺寸有变化时，柱应在板内弯折，弯后的尺寸要符合设计要求。

3. 剪力墙钢筋绑扎

（1）工艺流程：立2～4根竖筋→画水平筋间距→绑定位横筋→绑其余横竖筋→检查。

（2）立2～4根竖筋：将竖筋与下层伸出的搭接筋绑扎，在竖筋上画好水平筋分档标志，在下部及齐胸处绑两根横筋定位，并在横筋上画好水平分档标志，在下部及齐胸处绑两根横筋定位，并在横筋上画好竖筋分档标志，接着绑其余筋，最后再绑其余横筋。横筋在竖筋里面应符合设计要求。

（3）竖筋与伸出搭接处需绑3根水平筋，其搭接长度及位置均应符合设计要求。

（4）剪力墙筋应逐点绑扎，双排钢筋之间应绑拉筋或支撑筋，其纵横间距不大于600mm，钢筋外皮绑扎垫块或用塑料卡。

（5）剪力墙与框架柱连接处，剪力墙的水平横筋应锚固到框架柱内，其锚固长度要符合设计要求。如先浇筑柱混凝土后绑剪力墙筋时，柱内要预留连接筋或柱内预埋铁件，待柱拆模绑墙筋时作为连接用。其预留长度应符合设计或规范的规定。

（6）剪力墙水平筋在两端头、转角、十字节点、联梁等部位的锚固长度以及洞口周围加固筋等，均应符合设计抗震要求。

（7）合模后对伸出的竖向钢筋应进行修整，宜在搭接处绑一道横筋定位，浇筑混

凝土时应有专人看管，浇筑后再次调整以保证钢筋位置的准确。

（二）材料及主要机具

（1）钢筋：钢筋的级别、直径必须符合设计要求，有出厂证明书及复试报告单。进口钢筋还有化学复试单，其化学成分满足焊接要求，并有可焊性试验。钢筋应无老锈和油污。

（2）焊条：电弧焊使用的焊条，符合现行国家标准《非合金钢及细晶粒钢焊条》(GB/T 5117—2012) 的规定，其他型号应根据设计确定。钢筋电弧焊焊条型号见表 3-1。

表 3-1　　钢筋电弧焊焊条型号表

钢筋牌号	HPB300	HRB400
焊条型号	E43 型焊条	E55 型焊条

药皮应无裂缝、气孔、凹凸不平等缺陷，并不得有肉眼看得出的偏心度。焊接过程中电弧应燃烧稳定、药皮熔化均匀、无成块脱落现象。焊条必须根据焊条说明书的要求烘干后才能使用。焊条必须有出厂合格证。

（三）主要机具

（1）电焊机：电焊机采用市场上的定型产品，其容量大小应能获得 300 电流空载电压应为 75V 及以上。

（2）U 形铜模：U 形铜模是由铜模、限位支座、固紧装置组成的专用模具。U 形铜模可用紫铜板压制或铜棒加工而成，也可用电解铜浇铸后经少许加工而成。铜模大小应与被焊钢筋直径相适应。一种铜模只宜用于相近的两种直径钢筋焊接。铜模应具有一定的厚度和体积。

（3）其他机具：焊接电缆、电焊钳、面罩、垫子、钢丝刷、无齿锯等。

（4）作业条件：

1）焊工必须持有上岗资格证。

2）钢筋端头间隙、接头位置以及钢筋轴线应符合规定。

3）电源应符合要求。

4）作业场地要有安全防护设施、防火和必要的通风措施，防止发生烧伤、触电、中毒及火灾等事故。

5）熟悉图纸，做好技术交底。

（四）工艺流程

检查设备→选择焊接参数→试焊作模拟试件→送试→确定焊接参数→施焊→质量检验。

（1）检查电源、焊机及工具。焊接地线应与钢筋接触良好，防止因起弧而烧伤钢筋。

（2）选择焊接参数。根据钢筋级别、直径、接头型式和焊接位置，选择适宜的焊条直径、焊接层数和焊接电流，保证焊缝与钢筋熔合良好。

（3）试焊、做模拟试件。在每批钢筋正式焊接前应焊接3个模拟试件做拉力试验，经试验合格后，方可按确定的焊接参数成批生产。

（4）施焊操作。

1）引弧：引弧应在形成焊缝的部位，防止烧伤主筋。

2）定位：焊接时应先焊定位点再施焊。

3）运条：直线前进、横向摆动和送进焊条三个动作要协调平稳。

4）收弧：收弧时，应将熔池填满，注意不要在工作表面造成电弧擦伤。

5）多层焊：如钢筋直径较大，需要进行多层施焊时，应分层间断施焊，每焊一层后，应清渣再焊接下一层。应保证焊缝的高度和长度。

6）熔合：焊接过程中应有足够的熔深。主焊缝与定位焊缝应结合良好，避免气孔、夹渣和烧伤缺陷，并防止产生裂缝。

7）平焊：平焊时，要注意熔渣和铁水混合不清的现象，防止熔渣流到铁水前面。熔池也应控制成椭圆形，一般采用右焊法，焊条与工作表面成70°。

8）立焊：立焊时，铁水与熔渣易分离。要防止熔池温度过高，铁水下坠形成焊瘤，操作时焊条与垂直面形成60°～80°角。使电弧略向上，吹向熔池中心。焊第一道时，应压住电弧向上运条，同时做较小的横向摆动，其余各层用半圆形横向摆动加挑弧法向上焊接。

（五）钢筋帮条焊

钢筋帮条焊适用于一级和三级钢筋。钢筋帮条焊宜采用双面焊，不能进行双面焊时，也可采用单面焊。

帮条宜采用与主筋同级别、同直径的钢筋制作，其帮条长度见表3-2。如帮条级别与主筋相同时，帮条的直径可以比主筋直径小一个规格。帮条直径与主筋相同时，帮条牌号可与主筋相同或低一个牌号。

表3-2　　钢筋帮条长度

钢筋牌号	焊缝形式	帮条长度
HPB300 HRB400	单面焊	≥10d
	双面焊	≥5d

注　d为钢筋直径，mm。

帮条焊接头或搭接焊接头的焊缝厚度s不应小于主筋直径的0.3倍，焊缝宽度b不应小于主筋直径的0.8倍。

钢筋帮条焊时，钢筋的装配和焊接应符合下列要求：

（1）两主筋端头之间，应留2～5mm的间隙。

（2）焊接端钢筋应预弯，并应使两钢筋的轴线在同一直线上。

（3）帮条与主筋之间用四点定位固定，定位焊缝应离帮条端部20mm以上。

（4）焊接时，引弧应在帮条的一端开始，收弧应在帮条钢筋端头上，弧坑应填满。第一层焊缝应有足够的熔深，主焊缝与定位焊缝，特别是在定位焊缝的始端与终端，应熔合良好。

（六）钢筋搭接焊

搭接焊时，钢筋的装配和焊接符合下列要求：

（1）搭接焊时，钢筋应预弯，以保证两钢筋的轴线在一轴线上。在现场预制构件安装条件下。节点处钢筋进行搭接焊时，如钢筋预弯确有困难，可适当预弯。

（2）搭接焊时，用两点固定，定位焊缝应离搭接端部 20mm 以上。

（3）焊接时，引弧应在搭接钢筋的一端开始，收弧应在搭接钢筋端头上，弧坑应填满。第一层焊缝应有足够的熔深，主焊缝与定位焊缝，特别是在定位焊缝的始端与终端应熔合良好。

（七）质量标准及质量检验

纵向受力钢筋电弧焊接头的力学性能检验规定为主控项目，焊接接头的外观质量检查规定为一般项目。

接头连接方式应符合设计要求，并应全数检查，检验方法为观察。

接头试件进行力学性能检验时，其质量和检查数量应符合本规程有关规定，检验方法包括检查钢筋出厂质量证明书、钢筋进场复验报告、各项焊接材料产品合格证、接头试件力学性能试验报告等。

非纵向受力钢筋焊接接头的质量检验与验收，规定为一般项目。

电弧焊接头的质量检验，应分批进行外观检查和力学性能检验，在现浇混凝土结构中应以 300 个同牌号钢筋、同型式接头作为一批。每批随机切取 3 个接头，做拉伸试验。在同一批中若有几种不同直径的钢筋焊接接头，应在最大直径钢筋接头中切取 3 个试件。

纵向受力钢筋焊接接头外观检查时，每一检验批中应随机抽取 10%的焊接接头。检查结果，当外观质量各小项不合格数均小于或等于抽检数的 10%，则该批焊接接头外观质量评定为合格。

当某一小项不合格数超过抽检数的 10%时，应对该批焊接接头该小项逐个进行复检，并剔出不合格接头，对外观检查不合格接头采取修整或焊补措施后可提交二次验收。

（1）电弧焊接头外观检查结果，应符合下列要求：

1）焊缝表面应平整，不得有凹陷或焊瘤。

2）焊接接头区域不得有肉眼可见的裂纹。

3）咬边深度、气孔、夹渣等缺陷允许值及接头尺寸的允许偏差，符合表 3-3 中的规定。

表 3-3　　缺陷允许值及接头尺寸的允许偏差

项　目	单　位	允许偏差
棒体沿接头中心线的纵向偏移	mm	$0.3d$
接头处弯折角	(°)	3

续表

项　　目		单　位	允许偏差
接头处钢筋轴线的位移		mm	0.1d
焊缝厚度		mm	0～0.05d
焊缝宽度		mm	0～0.1d
焊缝长度		mm	−0.3d
横向咬边深度		mm	2
在长 2d 焊缝表面的气孔及夹渣	数量	个	2
	面积	mm^2	6

注　d 为钢筋直径，mm。

（2）力学性能检验时，应在接头外观检查合格后随机抽取试件进行试验。

（3）电弧焊接头拉伸试验结果应符合下列要求：

1）3 个热轧钢筋接头试件的抗拉强度均不得小于该牌号钢筋规定的抗拉强度，HRB400 钢筋接头试件的抗拉强度均不得小于 570N/mm^2。

2）至少应有 2 个试件断于焊缝之外，并应呈延性断裂。当达到上述 2 顶要求时，应评定该批接头为抗拉强度合格。

3）当试验结果有 2 个试件抗拉强度小于钢筋规定的抗拉强度或 3 个试件均在焊缝或热影响区发生脆性断裂时，则一次判定该批接头为不合格品。

4）当试验结果有 1 个试件的抗拉强度小于规定值，或 2 个试件在焊缝或热影响区发生脆性断裂，其抗拉强度均小于钢筋规定抗拉强度的 1.10 倍时，应进行复验。复验时，应再切取 6 个试件试验。复验结果，当仍有 1 个试件的抗拉强度小于规定值，或有 3 个试件断于焊缝或热影响区呈脆性断裂，其抗拉强度小于钢筋规定抗拉强度的 1.10 倍时，应判定该批接头为不合格品。当接头试件虽断于焊缝或热影响区，呈脆性断裂，但其抗拉强度大于或等于钢筋规定抗拉强度的 1.10 倍时，可按断于焊缝或热影响区之外，称延性断裂同等对待。

（4）当模拟试件试验结果不符合要求时，应进行复验。复验应从现场焊接接头中切取，其数量和要求与初始试验时相同。

三、等强度剥肋滚轧直螺纹连接工艺

等强度剥肋滚轧直螺纹连接技术是住房城乡建设部于 2010 年发布的《建筑业 10 项新技术（2010）》推广应用的钢筋连接新技术。故本工程按设计人员通知，在梁柱内钢筋直径不小于 16mm 时，均采用剥肋滚轧直螺纹连接工艺。套筒接头采用相应标准件，钢筋端头加工采用专用机械加工。

（一）钢筋连接方式及工艺检验

钢筋进场后应随即进行钢筋接头的工艺作业试验，等强度剥肋滚轧直螺纹连接按各直径规格各做一组接头，送检测中心试验，合格后方可进行接头的批量制作。接头的工艺作业的环境、电流和配件、主材均应符合批量制作时的条件。

（二）直螺纹连接的相关要求和标准

（1）滚轧直螺纹接头的性能符合《钢筋机械连接技术规程》（JGJ 107—2016）中Ⅰ级接头性能的要求，见表3-4。

表3-4　　滚轧直螺纹接头的性能表

接头等级	Ⅰ级	Ⅱ级	Ⅲ级
抗拉强度	$f_{mst}^0 \geqslant f_{stk}$（钢筋拉断） $f_{mst}^0 \geqslant 1.10 f_{stk}$（连接件破坏）	$f_{mst}^0 \geqslant f_{stk}$	$f_{mst}^0 \geqslant 1.25 f_{yk}$

注　f_{mst}^0 为接头试件实际抗拉强度；f_{stk} 为接头试件中钢筋抗拉强度实测值；f_{yk} 为钢筋抗拉轻度标准值。

（2）滚轧直螺纹接头的混凝土保护层厚度宜满足钢筋设计要求的保护层厚度。

（3）受力钢筋滚轧直螺纹接头的位置应相互错开。在任一接头中心至长度为钢筋直径的35倍的区段范围内有接头的受力钢筋截面面积占钢筋总截面面积的百分率，应符合下列规定：

1）柱钢筋接头，在柱钢筋接头范围内，不允许大于50%。

2）梁底钢筋接头，当钢筋接头质量为“Ⅰ”级时，在距支座1/4～1/3范围内的同一截面［同一截面的含义按《国家建筑标准设计图集》（16G101-1）相关规定］不大于50%，在跨中不允许大于25%。当为“Ⅱ”接头质量时，在距支座1/4～1/3范围内的同一截面内不允许大于等于25%，跨中不允许有接头。

（三）套筒

（1）滚压直螺纹接头所用的连接套筒采用优质碳素结构钢并经形式检验确定符合要求的钢材。

（2）套筒的抗拉、屈服强度标准值均应符合《钢筋等强度剥肋滚轧直螺纹连接技术连接技术规程》相关要求。

（3）标准型套筒的几何尺寸见表3-5。

表3-5　　标准型套筒的几何尺寸对应表　　单位：mm

规　格	螺纹直径	套筒外径	套筒长度
16	M16.5×2.5	25	45
18	M19×2.5	29	55
20	M21×2.5	31	60
22	M23×2.5	33	65
25	M26×3	39	70
28	M29×3	44	80
32	M33×3	49	90
36	M37×3.5	54	98

套筒出厂应有合格证，套筒在运输和储存中，应防止锈蚀（不含轻微浮锈）和沾污。

（四）钢筋下料

（1）钢筋下料施工的人员需检查是否持证，具有专业技能知识。

（2）钢筋下料时，应采用砂轮切割机，切口的断面应与轴线垂直，不得有马蹄形或挠曲。

（3）钢筋下料完成后，对钢筋的规格及外观质量进行检查，如发现钢筋端头弯曲的，必须做调直处理。

（五）钢筋丝头加工

（1）按钢筋规格所需的调整试棒调整好滚丝头内孔最小尺寸。

（2）按钢筋规格更换定位盘，并调整好剥肋直径尺寸。

（3）调整剥肋挡块及滚轧行程开关位置，保证剥肋及滚轧螺纹的长度（规定丝牙数）。

（4）装卡钢筋，开动设备进行剥肋及滚压加工。对于大直径的钢筋要分次车削规定的尺寸，以保证丝扣的精度，避免损坏环刀。

（5）加工丝头时，应采用水溶性切削液，当气温低于0°时，应掺入15%～20%亚硝酸钠。严禁用机油做切削液或不加切削液加工丝头。

（6）操作人员应按下表的要求检查丝头的加工质量，每加工10个丝头用通止规检查一次，剔除不合格丝头。

（7）加工好的丝头要进行检查螺纹中径尺寸、螺纹加工长度、螺纹牙型，螺纹表面不得有裂纹、缺牙、错牙，螺纹用卡尺检验，牙面完好80%以上，合格后方可套上塑料保护套，挂上合格标识牌。

（8）丝头加工长度为标准型套筒长度的1/2，其公差为$+2P$（P为螺距），接头加工尺寸符合表3-6要求。

表3-6　接头加工尺寸表

钢筋规格/mm	剥肋直径/mm	螺纹尺寸/mm	丝头长度/mm	完整丝扣圈数
ϕ16	15.1±0.1	M16.5×2	22.5	≥8
ϕ18	16.9±0.2	M19×2.5	27.5	≥7
ϕ20	18.8±0.2	M21×2.5	30	≥8
ϕ22	20.8±0.2	M23×2.5	32.5	≥9
ϕ25	23.7±0.2	M26×3	35	≥9
ϕ28	26.6±0.2	M29×3	40	≥10
ϕ32	30.5±0.2	M33×3	45	≥11
ϕ36	34.5±0.2	M37×3.5	49	≥9

（六）现场连接施工

（1）连接钢筋时，钢筋规格和套筒的规格必须一致，钢筋和套筒的丝扣应干净、完好无损。

（2）直螺纹连接应使用管钳和力矩扳手进行，连接时，将待安装的钢筋端部的塑料保护帽拧下来露出丝口。并将接头的水泥砂浆等污物清理干净，将两个丝头在套筒位置顶紧，接头拧紧力矩应符合规定。力矩扳手的精度为±5%。

（3）经拧紧后的滚压直螺纹接头应做出标记，允许完整丝扣外露为1～2扣。

（4）采用预埋接头时，连接套筒的位置、规格和数量应符合设计要求，带连接套筒的钢筋应固定牢固，连接套筒的外露端应有保护盖。

（5）连接水平钢筋时必须将丝头托平。

（6）钢筋接头处的混凝土保护层厚度应满足受力钢筋保护层最小厚度的要求，且不得小于15mm。

（7）钢筋的弯折点与接头套筒端部距离不宜小于200mm，且带长套丝接头应置在弯起钢筋平直段上。

（七）接头质量检查

1. 套筒进场检查

以500个为一个检验批，不足500个也作为一个检验批，每批按10%抽检外观质量。

直螺纹连接套筒的质量需符合表3-7的技术要求，否则为不合格。

表3-7　　直螺纹连接套筒的质量技术要求

检查项目	量具名称	检　验　要　求
外观质量	目测	表面无裂纹和影响接头质量的其他缺陷
外形尺寸	卡尺或专用量具	长度及外径尺寸符合设计要求
螺纹尺寸	通端螺纹塞规	能顺利旋如连接套筒两段并达到旋合长度
	止端螺纹塞规	塞规允许从套筒两端部分旋合，旋入量不应超过3P（P为螺距）

抽检合格率应大于等于95%。当抽检合格率小于95%时，应另取双倍数量重做检验，当加倍抽检后的合格率大于95%时应判该批合格，若仍小于95%时，则该批应逐个检验，合格后方可使用。

2. 丝头现场加工检查

加工应逐个目测检查丝头的加工质量，每加工10个丝头应用环规（剥肋滚压直螺纹接头丝头用通止规）检查一次，并剔除不合格丝头。

自检合格的丝头，应由质检员随机抽样进行检验，以一个工作班内生产的丝头作为一个验收批。随机抽10%丝头，且不得少于10个，当合格率小于95%时，则对全部丝头逐个进行检验，并切去不合格丝头，查明原因后重新加工，合格后方可使用。

直螺纹接头丝头质量检验的方法及要求见表3-8。

表3-8　　直螺纹接头丝头质量检验的方法及要求

检验项目	量器名称	合　格　条　件
螺纹牙型	目测、卡尺	牙型完成，螺纹大径低于中径的不完整丝扣，累计长度将超过两个螺纹周长
丝头长度	卡尺或专用量具	丝头加工长度为标准型套筒长度的1/2，其公差为+2P（P为螺距）
螺纹直径	通端螺纹塞规	能顺利旋入螺纹
	止端螺纹塞规	允许环规与端部螺纹部分旋合，旋入量不应超过3P（P为螺距）

3. 施工现场质量检验要求

机械连接接头的现场检验按验收批进行，现场检验应进行外观质量检查和单向拉伸试验。力学性能及施工要求见表3-9。直螺纹钢筋连接接头的拧紧力矩见表3-10。

表3-9　　机械连接接头的现场检验要求

检查项目		标准要求
验收批		同一施工条件下采用同一批材料的同等级、同型式、同规格接头； 以500个接头为一检验批进行检验与验收，不足500个也作为一个验收批
力学性能	取样数量	对接头的每一验收批，必须在工程结构中随机抽取3个试件做单向拉伸试验
	单向拉伸试验	当3个试件检验结果均复合强度要求时，该验收批评定为合格； 如有1个试件的强度不符合要求，应再6个试件进行复检，复检中仍有1个试件检验结果不符合要求，则该验收批为不合格
剥肋等强直螺纹	抽检数量	梁、柱构件按接头数量的15%，且每个构件的接头抽检数量不得少于1个接头； 基础构件按每100个接头为一个验收批，不足100个也作为一个验收批，每批抽检3个接头
	质量标准	抽检的3个接头应全部合格，如有1个接头不合格，则该验收批应逐个检查并拧紧； 用力矩扳手按下表检查接头拧紧力矩值，抽检接头施工质量

表3-10　　直螺纹钢筋连接接头的拧紧力矩

钢筋直径/mm	16～18	20～22	25	28	32	36～40
拧紧力矩/(N·m)	100	200	250	280	320	350

对接头有特殊要求的结构，应在设计图纸中另行注明相应的检验项目。钢筋接头应根据接头的性能等级和应用场合，对静力单向拉伸性能、高应力反复拉压、大变形反复拉压、抗疲劳、耐低温等各项性能确定相应的检验项目。

(八) 机械接头的成品保护

(1) 注意对连接套和已套丝钢筋丝扣的保护，不得损坏丝扣，丝扣上不得粘有水泥浆等污物。

(2) 半接头连接的半成品要用垫木垫好并分规格堆放。

(3) 套筒在运输和储存过程中，有明显的规格标记，并应分类包装存放，不得混淆和锈蚀。

(九) 质量通病及防止措施

1. 钢筋套丝缺陷

原因：操作工人未经培训或操作不当。

防止措施：对操作工人进行培训，取得合格证后上岗。

2. 接头露丝

原因：接头拧紧力矩没有达到标准或漏拧。

防止措施：按规定的力矩值，用力矩扳手拧紧接头。连接完的接头必须立即做上标记，防止漏拧。

（十）接头现场检验和采取的主要控制措施

（1）对套筒进场的检验除技术提供单位必须提交的出厂合格证及母材检测报告外，由监理和施工单位共同按批次进行外观质量抽检，运用游标卡尺和通止规等工具对套筒长度和外径、牙型和螺距、螺纹直径和外观质量等进行抽查，发现有与样品不符者，则对该批接头做退场处理。

（2）对进场用于直螺纹连接的钢筋除了必要的接头工艺检验外，对HRB400钢筋的基圆和外圆尺寸、端头弯曲和马蹄形及端头污染等钢筋的外观质量进行检查达不到丝头加工标准的，采用切割平头再使用的办法解决。

（3）对丝头加工质量的控制是保证连接接头质量的关键环节，我们主要采取如下控制措施，做到端头的端面平整并基本与轴中心线垂直。

1）钢筋端部平头及切割下料坚持采用台式砂轮片切割机进行切割，因采用钢筋切断机切割后的钢筋端头均呈“马蹄”形，该形状加工后的丝头虽然对钢筋连接强度影响不大，但对接头的变形量影响较大。

2）每种规格各丝头加工前先以短钢筋进行3个丝头的预加工并调整设备加工数据，直至3个丝头经厂家专业技术人员对剥肋直径、剥肋长度、螺纹尺寸、牙型和光洁度全面检查并合格后方进行批量加工。

3）加工过程中由操作工人以每50个丝头为一批，用直尺、游标卡尺和螺纹通止环规对丝头的尺寸大小和长度进行过程检查，发现超标及时调整设备动力头和剥肋尺寸。

4）每班次钢筋丝头加工完成后，由厂家专业技术人员与加工班长、专职质量员和监理共同对丝头外观质量和各项指标抽检并形成检查记录。

5）对于上述过程自检、专检中发现不合格的丝头全部重新切割平头后重新加工。

（4）接头质量的控制

1）现场采用套筒两端处外露的钢筋丝扣圈数控制在1±0.5范围内的做法，并做到既不能丝扣圈数太多，也不能一点丝扣不露，因为若一点丝扣不露，则不能保证钢筋端面互相预紧贴合，而造成对接头的变形影响较大。

2）现场采用管钳作为接头拧紧工具，因为在钢筋剥肋滚压直螺纹间隙，减少接头残余变形量。

3）由监理和施工单位共同对连接完成的钢筋接头进行接头位置，对外露丝扣和紧固情况进行全数检查并形成检查记录。

第三节　钢筋连接技术施工总结

一、钢筋绑扎连接及搭接焊接工艺的优点与缺点

（1）钢筋绑扎连接工艺。其优点有：施工工艺简单，对于小直径钢筋使用较为普

遍；不需要额外的机械设备进行安装、检测，质量有保证。缺点有：钢筋绑扎连接需要进行搭接，钢筋使用较多；钢筋绑扎传力性能较差；钢筋绑扎搭接，占用构件的面积，可能影响混凝土浇筑。

(2) 钢筋搭接焊接工艺。其优点有：该连接方式不影响其他工序进行，有利于提高施工效率；与绑扎相比，对钢筋的要求不严格，条件适应性较强；由于不需搭接，所以节约钢材，具有明显的经济效益。缺点有：需要专门的施工设备和材料及电力，对电源要求较高；对人员要求严格，对施工环境有一定要求，雨雪天气不能施工；超过一定角度的斜向和水平钢筋不能焊接；质量可控性差，出现不合格品的概率大。

二、等强度剥肋滚扎直螺纹连接工艺的优点与缺点

钢筋剥肋滚扎直螺纹连接工艺，其优点有：钢筋传力性能稳定；可提前预制，提升施工效率；能适应各种环境，对外部施工环境要求不高；施工速度快；不会造成钢筋主材浪费，经济效益较高。缺点为：施工工艺要求较高，容易产生不合格接头；适用范围有局限性，只适合大直径钢筋连接使用，对于小直径钢筋连接，无法使用该项工艺。对于施工机械要求较高，设备调试、预制加工环节需投入大量人力、物力进行处理。

三、施工经验与体会

目前在建筑工程施工过程中主要使用的钢筋连接施工工艺有绑扎搭接连接、钢筋搭接焊接、电渣压力焊、闪光对焊、钢筋冷挤压连接、钢筋直螺纹连接等。根据工程技术要求来说，对于受力要求低、钢筋直径小的钢筋一般采用搭接或者焊接的工艺施工；对于钢筋直径较大，或者对于受力要求比较严格的构件，优先选择螺纹连接。但随着国内环保事业的发展，钢筋焊接工艺在工程建设中的限制越来越多，逐步被机械连接工艺取而代之。随着科学技术的发展，钢筋连接工艺会出现更多的工艺和技术；随着各类新技术的应用，提高效率、降低成本会成为钢筋连接工艺的主要发展方向。

第四章 大体积常态混凝土温度控制技术

第一节 工 程 概 况

混凝土结构物实体最小几何尺寸不小于1m大体量混凝土，或预计会因混凝土中胶凝材料水化引起的温度变化和收缩而导致有害裂缝产生的混凝土均为大体积混凝土。本章主要对芳烃联合装置压缩机设备基础大体积常态混凝土温度控制和养护进行研究。

广东石化炼化一体化项目芳烃联合装置压缩机设备基础共有7个，结构为钢筋混凝土联合基础，基础混凝土等级C30。其中2601－K－5002A/B、2601－K－5003A/B呈“凸”字形。2601－K－5002A基础尺寸：10.44m×5.45m＋3.845m×4.8m，筏板厚度1.2m。2601－K－5002B基础尺寸：10.44m×5.45m＋3.845m×4.8m，筏板厚度1.6m。2601－K－5003A基础尺寸：10.256m×5.4m＋2.34m×4.8m，筏板厚度1.2m。2601－K－5003B基础尺寸：10.256m×5.4m＋2.34m×4.8m，筏板厚度1.2m。单体筏板混凝土一次浇筑100.0～150.0m^3。2601－K－5001、2601－K－7001、2601－K－8001呈矩形或方形，2601－K－5001基础尺寸：6m×9.2m，筏板厚度1.6米。2601－K－7001基础尺寸：9m×13.2m，筏板厚度1.5m；2601－K－8001基础尺寸：9.5m×6.9m，筏板厚度1.5m；单体筏板混凝土一次浇筑100～150m^3。

第二节 大体积常态混凝土温度控制施工方案

一、大体积混凝土温度的监测

1. 施工前准备

（1）队伍准备：由土建专业的施工人员进行施工，施工前进行对各项专业施工人员进行安全技术交底。监测大体体积混凝土施工工艺由本公司技术人员，监测人员，

设备安装维修人员组成，技术人员负责布点方案和现场的施工各方的调节，监测人员负责监测室内数据的处理并及时向技术部报告监测数据的动态和预警警报。设备安装维修人员主要负责安装监测设备，调试设备和后续的设备的维修。

（2）材料机具准备：温度传感器，混凝土测温导线，数据采集处理台式电脑，钢筋、木条，钢筋绑扎丝等。

（3）技术准备：在大体积混凝土浇筑前，技术部人员协同各方人员共同制定大体混凝土布点方案。完成布点方案后分别对不同的施工人员进行详细的技术交底。

2. 施工中注意的问题

在制定监测点布点方案时，依据大体积混凝土施工相关规范和标准结合单体基础结构几何形状，布置混凝土温控监测装置。

温控装置导线布置时，依据布点图就近温度模块设备最近的原则，传到线绑扎在钢筋内侧或内边，以避免浇筑混凝土时振动棒的穿插损毁。

混凝土浇筑时，每个温度监测点必须有人照看，布料、振捣等浇筑人员注意保护温控监测装置不被损坏。

3. 大体积混凝土温度监测点布置

针对各单体基础几何形状、厚度布置大体积混凝土温控的测位，测位选取混凝土浇筑体平面对称轴线的半条轴线，测试区内监测点按平面分层布置，在每条测试轴线上，监测点位不少于 4 组，每个测位布置 3 个测点，分别位于混凝土的表层、中心、底层。基础测温点布置如图 4－1 所示。

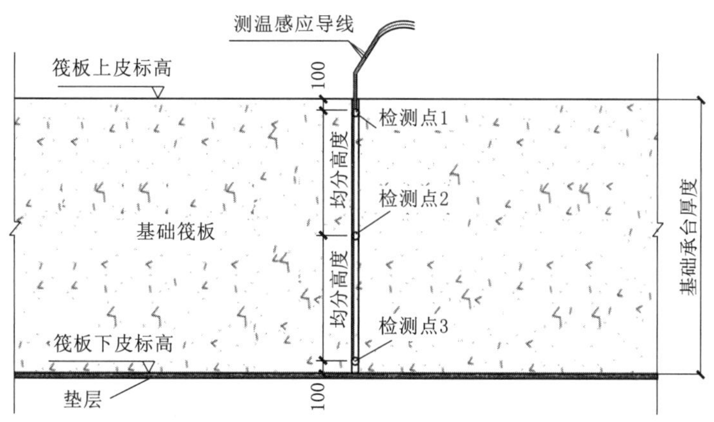

图 4－1　基础测温点布置图

二、温控指标及措施

1. 温控指标

（1）混凝土浇筑体在入模温度基础上的温升值不宜大于 50℃。

（2）混凝土浇筑体的里表温差（不含混凝土收缩的当量温度）不宜大于 25℃。

（3）混凝土浇筑体的降温速率不宜大于 2.0℃/d。

(4) 应变测试元件测试分辨率不应大于 $5\mu_\varepsilon$（μ_ε 为微应变，表示长度相对变化量，百万分之一）。

(5) 应变测试范围满足 $-1000\mu_\varepsilon \sim 1000\mu_\varepsilon$ 要求。

(6) 混凝土浇筑体表面与大气温差不宜大于 20℃。

2. 温控措施

(1) 技术措施原则。技术可行、质量可靠、方便施工、经济合理。

(2) 技术措施重心。减少温差、稳定体积、消除应力、慎防裂缝。

(3) 技术措施及要求。选用低水化热的通用硅酸盐 P. O42.5 级水泥、补偿收缩剂及缓凝型减水剂，采用双掺技术，以消除施工冷缝，推迟混凝土放热峰。

按 14 天达设计混凝土强度 70%、混凝土浇筑体最大绝热温升 60～65℃模拟养护条件配制 C40 补偿收缩混凝土，以便单位水泥用量降至最低限度（单位水泥用量每增加 10kg，水化热提高 1.0～1.5℃）。

规范施工工艺，严格控制混凝土拌合物水胶比，即 $W/C \leqslant 0.40$；坍落度控制在 180mm±20mm；混凝土入模温度 26～30℃，分段、分层连续浇筑，以利于结构内部散热。结构表层，在混凝土初凝至终凝将要失去塑性前压实、抹光，以利于挤出多余游离水，提高其表层抗拉强度。

持久保湿、强化保湿，混凝土浇筑完毕 45min 内覆盖 0.3mm 一层塑料薄膜和 3 层麻袋、草袋或 30mm 厚阻燃棉毯。各层麻袋或阻燃棉毯相互错开，并且相互搭接不少于 150mm；以防突遇降温冷空气侵袭致使局部骤冷，钢筋收缩引起混凝土裂缝。核心温度缓慢降至常温前，慎防混凝土浇筑体裸露，而扩大其内外温差。

通过保湿保温措施，严格控制混凝土浇筑体里表温差，其允许温差为 25℃。在 22℃左右预设报警值，一旦达到报警值及时通知项目部施工部，以便及时按预定保温保湿措施养护。

对于混凝土的测温时间及测温频度，规范规定大体积混凝土浇筑体里表温差、降温速率及环境温度的测试，在混凝土浇筑后，每昼夜不少于 4 次；入模温度，每台班不少于 2 次。

根据混凝土初期生温较快，混凝土内部的温升主要集中在浇筑后的 3～5d，一般在 3d 之内温升可达到或接近最高峰值。另外，混凝土内部的最大温升，是随着结构物厚度的增加而增高。根据工程实际情况和结构特点，确定的测温项目和测温频率如下：

1) 记录搅拌车中卸料出机的混凝土温度，每 3h 测记一次。

2) 施工现场大气环境温度，每 2h 测记一次。

3) 混凝土浇筑完成后，立即测记混凝土浇筑成型的初温度，以后按以下要求测记：

a. 第 1 天至第 4 天，每 4h 测记一次；

b. 第 5 天至第 7 天，每 8h 测记一次；

c. 第 8 天至测温结束，每 12h 测记一次；

d. 当连续监测 3d，混凝土表层温度与环境最大温差小于 20℃时，可逐步拆除保温覆盖材料或全部拆除。

大体积混凝土施工温度测记应设专人负责，并做出测温成果，即绘制温度变化曲线图，及时做好信息的收集和反馈工作。

三、混凝土保温材料及养护方法

保温层厚度为 0.3mm 薄膜＋三层麻袋、草袋或 30mm 厚阻燃棉毯＋蓄水 50mm 水进行保温保湿。

在混凝土浇筑完毕后的 6～8h，对混凝土浇筑体裸露面覆盖一层 0.3mm 薄膜再塑料薄膜上覆盖 3 层麻袋、草袋或 30mm 厚阻燃棉毯，塑料薄膜搭接不小于 150mm；各层麻袋、草袋搭接不小于 150mm，搭接缝相互错开，覆盖严密，以防止混凝土水分蒸发，同时确保覆盖麻袋、草袋或阻燃棉毯的保温效果。为防止大风掀起或刮跑混凝土浇筑体裸露表面的覆盖麻袋、草袋或阻燃棉毯，应用脚手板、砖块、袋装砂等重物将覆盖物压牢，特别是覆盖物的收边搭接部位。养护时间为 14d，混凝土养护前 7 天以控制温差为主，7 天后以控制降温速度为主。混凝土养护前 7 天温差控制 25℃，报警温差设定 23℃，降温速度不大于 2℃/d。

四、混凝土的降温措施

（一）原材料的降温

1. 骨料预冷却

夏天，砂石经过暴晒，其温度较高，甚至可以达到 60℃以上，对生产大体积混凝土非常不利。砂石堆场采取全封闭措施，料仓顶部安装喷雾遮阳装置，则生产所用的骨料可以完全不受太阳暴晒的影响，这对控制混凝土的入模温度不超过 30℃能起到关键性作用。

所有运输骨料的车辆加盖帆布遮阳，并喷淋水降温。搅拌站骨料堆场储于封闭式环境，防止骨料在烈日下暴晒，使骨料表面温度升高；同时设置备用喷水设施，采用堆场周边布管，喷成雾状，降低堆场内空气温度，在生产使用前 5 小时向骨料堆上喷雾，通过水的蒸发使骨料冷却；若生产时环境温度超过 30℃，开始用冰水喷雾降温，使棚内环境温度下降，确保骨料平均温度不超过 30℃。

混凝土配合比采用矿渣粉、粉煤灰双掺技术，矿渣粉掺量 40%（同等代替水泥），降低水化热。

2. 搅拌水预冷却

建造专用水池，必要时可在生产前把冰投放到水池内，对水进行降温处理，确保生产用水温度控制在 30℃以下。

3. 其他降温措施

外加剂的储存避免阳光直接照射，为防止化学反应，用塑料罐存放。

必要的时候采取加冰措施，每条生产线配备独立的储水池，易于加冰块采取冰水稀释后用于生产，避免了过去传统通过刨冰机破碎后再使用的难题。

（二）生产过程的降温

正式生产前，生产用的水管、输送带、搅拌机均用冰水润湿降温；保证足够的搅拌时间，使水泥的水化反应充分；搅拌车本身做好降温及保温工作。装车前，先用水对车鼓进行润湿降温，随时用冰水对车鼓进行喷雾冷却，装车后，混凝土迅速送至工地，运输过程中使用车载喷水装置喷水对混凝土搅拌车旋转罐体进行喷水降温或覆盖遮阳网或遮阳被；加强与工地的协调，确保混凝土在运抵工地后能及时浇筑入模，避免混凝土在工地停留的时间过长而造成混凝土温度的再次升高，在等待浇筑的过程中做好遮阳措施，避免太阳直射。

（三）浇筑过程降温

现场与搅拌站指挥始终保持联系，根据现场实际情况调整混凝土罐车数量及发车频率，保证罐车到场后能尽快出料，最大限度减少现场等候停歇时间。

浇筑时，现场等候的混凝土罐车采取不断淋水或冰水喷雾的方式，来降低罐车内混凝土温度。现场布设的混凝土输送管用湿麻袋覆盖，并不断淋水浇湿麻袋，以减少混凝土坍落度输送管内损失和降低混凝土入模温度。环境温度大于 35℃时，淋水降低钢筋温度，防止内部温度过高。

（四）浇筑后的降温

为保证混凝土的施工质量，减少混凝土成型后产生的热量。底板浇筑待达到初凝后（浇筑完毕 6h 后）立即对混凝土浇筑体裸露面覆盖 0.3mm 塑料薄膜和 3 层麻袋（或 3 层草袋或 30mm 厚阻燃棉毯）保温养护，然后蓄水进行养护及降温。

基础筏板外立面模板作为保温措施，该模板拆除待混凝土保湿保温养护 14d，连续监测 3d 混凝土浇筑体表层温度与环境最大温差小于 20℃时拆除[5]。

第三节 大体积常态混凝土温度控制施工总结

一、大体积常态混凝土温度控制技术方案优缺点

大体积常态混凝土温度控制技术优点：大体积常态混凝土施工时选用中低热水泥，采用双掺技术，降低水化热，设计冷却系统，严格控制养护保温措施，对施工过程和养护过程实施温度监测，实现了温度控制的信息化施工，达到了预期的大体积常态混凝土抗裂要求。广东石化炼化一体化项目芳烃联合装置压缩机设备基础筏板大体积混凝土采用上述温度控制措施，并在施工过程中抓紧各个施工环节，严格施工过程中的管理，有效防止了混凝土的开裂，保证了混凝土浇筑质量。

大体积常态混凝土温度控制技术缺点：降低混凝土水化热采取的减少混凝土用量措施不利于保证混凝土强度，使用中低热水泥增加了施工成本；采用双掺技术材料的配比若控制不好则影响混凝土的性能；混凝土冷却系统目前多采用预埋冷却水管的方

法，增加了施工工序，另外冷却水管的埋设不利于混凝土层间结合效果。

二、施工经验

随着水利工程、建筑工程等行业的蓬勃发展，大体积混凝土的使用也随之增加，而大体积混凝土的裂缝问题也日益突出，已成了普遍性问题，大体积混凝土的温度控制和养护作为大体积抗裂的一种主要技术手段，越来越受到重视[6]。根据芳烃联合装置大体积常态混凝土温控措施，以及类似的施工项目，总结经验如下：

(1) 由于混凝土的抗压强度远高于抗拉强度，在温度压应力作用下不致破坏的混凝土，当受到温度拉应力时，常因抗拉强度不足而产生裂缝。大体积混凝土温度裂缝有细微裂缝、表面裂缝、深层裂缝和贯穿裂缝。大体积混凝土紧靠基础产生的贯穿裂缝，无论对坝的整体受力还是防渗效果的影响比浅层表面裂缝的危害大得多。表面裂缝也可能成为深层裂缝的诱发因素，对大体积混凝土的抗风化能力和耐久性有一定影响。因此，大体积混凝土要做好温度控制措施。

(2) 施工期对混凝土原材料、混凝土生产过程、混凝土运输和浇筑过程及浇筑后的温度进行全过程控制。采用具有信息自动采集、分析、预警、动态调整等功能的温度控制系统进行全过程控制。

(3) 混凝土温度控制提出容许最高温度及温度应力控制标准的混凝土温度控制措施，并提出出机口温度、浇筑温度、浇筑层厚度、间歇期、表面冷却、通水冷却和表面保护等主要温度控制指标。

(4) 气候温和地区宜在气候较低月份浇筑基础混凝土；高温季节宜利用早晚、夜间气温低的时段浇筑混凝土。

(5) 大体积常态混凝土浇筑采用短间歇均匀上升、分层浇筑的方法。

第五章 危大模板工程

第一节 危大模板工程概况

一、结构特点

广东石化炼化一体化项目公用工程（炼油第二循环水场）位于广东揭阳（惠来）大南海国际石化综合工业园内。根据供水水质不同，分为两个供水系统：优质循环水系统设计规模为72000m^3/h，为空分空压站、聚丙烯装置及炼油装置内压缩机等不锈钢换热器供水，该系统的氯离子含量根据设备要求不大于300mg/L；普通循环水系统设计规模为9000m^3/h。炼油第二循环水场技术参数见表5－1。

表5－1　　炼油第二循环水场技术参数

项次	项　目	技术指标名称	参数或性能要求
1	结构设计主要技术指标	结构设计基准期	50年
		建筑结构安全等级	二级
		结构重要性系数	1.0
		地基基础设计等级	丙级
		建筑耐火等级	二级
2	抗震设防有关参数	抗震设防烈度	7度
		设计基本地震加速度值	0.1g
		场地类别	Ⅱ类
		设计地震分组	二组
		特征周期	0.45s
		抗震设防类别	丙类
		结构阻尼比	0.05
		结构体系	钢筋混凝土框架结构
		基础形式	柱下独立基础

续表

项次	项　目	技术指标名称	参 数 或 性 能 要 求
3	主要荷载	基本风压	0.99kN/m^2
		基本雪压	0kN/m^2
		地面粗糙度类别	B类
4	结构混凝土等级	基础垫层	C20
		框架柱	C30
		独立基础	C30
		梁、板	C30
		塔底水池	C30、P6无收缩混凝土
5	混凝土环境类别	地下	二a类
		地上	一类
		室内环境	一类
6	钢筋	HRB400/HPB300	使用楼梯间钢丝网片及保护层用抗裂钢丝网片
		HRB400	使用抗震等级一、二、三级的框架和斜构件（含梯段）
7	钢筋混凝土保护层	基础、基础梁	底面厚40mm；顶面或侧面厚25mm
		柱、梁、墙	柱、梁厚20mm；墙厚20mm
		板	厚15mm
8	吊钩、吊环	直径不大于14mm	采用HPB300级钢
		直径大于14mm	采用Q235-B钢
9	预埋件、地脚螺栓	钢材	除注明外均采用Q235-B钢
		焊条	E43
10	地基与基础	地基	CFG复合地基
		承载力特征值	复合地基，≥220kPa
		基础	柱下独立基础
11	建筑结构设计	建筑物几何尺寸	51.4m×24.7m
		建筑物层数	地上三层
		建筑物高度	16.60m
		层高	一层4.00m；二层4.80m；三层4.20m；四层3.60m
		±0.000标高	绝对高程9.100m
		建筑物外形	矩形
12	结构体系	冷却塔框架及塔底水池四周框架混凝土墙设置高度	钢筋混凝土 4.0～16.6m； 4.0～8.8m； 8.8～16.6m

续表

项次	项　目	技术指标名称	参数或性能要求
13	框架柱	柱网间距	4.2m×4.2m
		KZ1 截面	−1.5～8.8m，600mm×600mm
		KZ2 截面	8.8～16.6m，500mm×500mm
		KZ3 截面	−1.5～16.6m，500mm×500mm
		KZ4 截面	−1.5～2.0m，500mm×500mm
14	板	2.000m 标高板厚	200mm（范围为①～⑭轴交 A～G 轴）
		4.000m 标高板厚	200mm（范围为①～⑭轴交 F～G 轴）
		16.600m 标高板厚	150mm（范围为①～⑭轴交 A～E 轴）
15	梁截面	WKL1	300mm×700mm
		WKL2	350mm×700mm
		WKL3	350mm×700mm
		WKL4	300mm×700mm
		WKL5	400mm×800mm
		WKL6	300mm×700mm
		WKL7	400mm×800mm
		L1	250mm×600mm
		L2	250mm×600mm
		L3	250mm×600mm

二、施工整体部署

（1）各单体设备基础框架高支模工程施工前，根据装置施工组织设计及施工总平面布置图规划要求，对各单体材料、周转材料堆放场地、混凝土运输罐车道路、混凝土输送泵车站位场地、施工用水电等暂设进行全面的检查与评估，对不满足各单体施工要求的施工道路、材料及周转材料堆放场地、混凝土输送泵车场地进行必要的加固整改或修筑。

（2）按业主审批的三级施工进度计划及装置里程碑工期节点确定各单体设备基础支架的施工顺序，按专家论证的专项施工方案和三级进度计划节点采购或租赁各单体工程混凝土模板支撑架周转材料、构配件。

（3）各单体设备基础框架高支模工程施工前，根据设计现行国家行业施工质量验收标准、规范、规程、装置施工组织设计，编制装置框架式设备基础混凝土结构工程施工方案。

（4）根据三级进度计划及里程碑计划节点，本高支模工程施工先后顺序严格按照业主总包批准的三级进度计划要求组织施工；混凝土模板支撑架材料、构配件均按一次性摊销进行采购或租赁。

（5）建立健全装置高支模管理组织机构：项目部建立模板支撑架管理、验收领导小组，由施工经理、HSE 经理、项目技术负责人任验收小组组长，架子工工长、专职安全员、质检员和物资采购人员等管理人员主管支撑架搭设拆除过程的管理，制定脚

手架工程的质量管理制度、搭设质量检查验收制度、方案技术交底制度、安全技术交底制度和质量控制检验与试验计划等管理制度。安全技术交底覆盖至每位作业人员，且交底分为两个层级进行，先由项目技术负责人负责组织项目管理人员、工班长进行方案交底，再由施工经理或HSE经理负责向每位作业人员进行安全技术交底，交接底双方在交底上签字确认。

（6）各单体配备专业持证作业人员，践行属地管理制度，实行谁施工谁负责，责任到班组、班组作业人员，确保高支模工程进度、安全、质量受控。加强对施工现场的安全监督，制定严格的、规范的班组上岗作业制度，落实责任制度，具体落实到人，为高支模工程顺利完成奠定基础。

（7）施工中的控制。

1）施工过程中严格按照专家论证后的专项施工方案组织施工，任何人不得随意变更方案或未经项目技术负责人同意变更模板支撑架杆件、构配件的周转材料。

2）本高支模工程施工前，应严格按照装置施工组织设计要求对各单体材料、周转材料堆放场地、混凝土运输罐车道路、混凝土输送泵车站位场地、施工用水电等暂设进行全面的检查与评估，对不满足各单体施工要求的施工道路、材料及周转材料堆放场地、混凝土输送泵车场地进行必要的加固整改或修筑。

3）作业过程中参与项目作业人员必须明确职责、作业流程和操作工艺；明确出现危险及紧急情况时的应急处理措施；明确施工质量验收标准、规范、规程。施工前对所需机械、设备进行必要的检查维修与保养，从而使机械、设备的性能和功能满足作业要求。

三、施工特点、重点及难点

（一）结构工程特点

（1）第二循环水场冷却塔框架及塔底水池为钢筋混凝土框架结构，冷却塔最大安装高度16.600m；结构安全等级二级，水池防水等级三级。结构设计使用年限50年；冷却塔地上四层，一层为高低跨，低跨现浇板顶标高2.00m，现浇板200mm厚、高跨现浇板顶标高4.00m、现浇板200mm厚；二层框架梁顶标高8.80m（无板），三层框架梁顶标高13.00m（无板），四层顶梁板顶标高16.600m，现浇板150mm厚；冷却塔安装最大高度16.60m，梁板混凝土模板支撑架基础利用一层顶标高2.00m、板厚200mm现浇板作为模板支撑架基础，四层冷却塔框架梁板混凝土模板支撑架14.600m，屋面最大框架梁截面400mm×800mm，框架梁施工总荷载（设计值）大于15kN/m^2，模板支撑架搭设高度14.600m；属于超过一定规模的危险性较大的混凝土模板支撑工程。

（2）冷却塔框架及水池清水混凝土要求表面不做装饰层。结构柱、墙、梁板上预埋件数量多，安装精度要求高。

（二）施工重点

搭设模板支撑架的钢管、扣件、可调托撑等构配件应符合方案设计及现行国家技术标准和现行行业标准《建筑施工扣件式钢管脚手架安全技术规范》（JGJ 130—2011）

第 3 条、第 8 条的规定。不符合方案设计及现行国家技术标准和现行行业标准《建筑施工扣件式钢管脚手架安全技术规范》（JGJ 130—2011）第 3 条、第 8 条的规定要求的不得使用，并立即清退出场，建立不合格品管理台账。

支撑架搭设过程中，严格按照方案设计统筹考虑布置支撑架立杆、纵横向扫地杆、纵横向水平杆，以及竖向、水平剪刀撑等，不得随意变更方案设计；搭设过程中实行三步一验收。支撑架体搭设完毕并经项目质量部门验收合格后，上报监理、业主等相关管理人员组织联合验收，验收合格后，方可进行下道工序作业。

（三）施工难点

结构标高 13.00m 无楼面板，横向设计轴距 1.60～1.75m 连梁与结构标高 16.60m 屋面连梁上下不在一个垂直位置上，支撑结构标高 16.60m 梁板立杆位于结构标高 13.00m 无楼面板，横向设计轴距 1.60～1.75m 连梁上，支撑架使用工期长，支撑架属于典型的一次性摊销摊销量非常大，预埋（件）螺栓数量多，安装精度要求高，塔架及塔底混凝土质量要求无收缩清水混凝土，质量标准要求高等。

第二节　危大模板工程施工方案及方法

一、模板工程施工工艺流程

塔架及塔底水池结构模板工程施工工艺流程如图 5 - 1 所示。

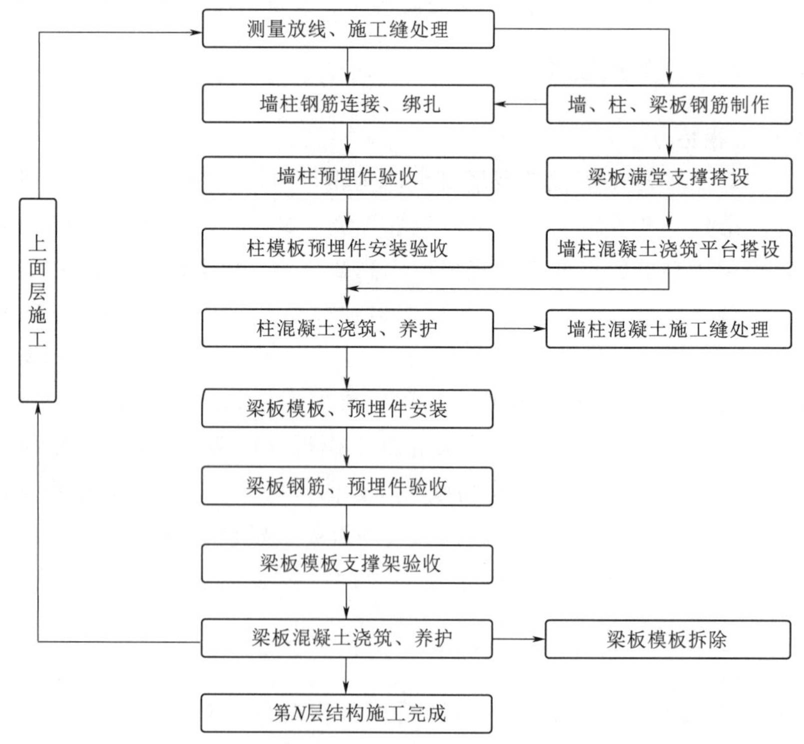

图 5 - 1　塔架及塔底水池结构模板工程施工工艺流程图

二、施工模板设计

（一）柱模板

（1）模板的面板采用15mm厚覆面木胶合板，制成符合设计要求几何尺寸、标高的定型组合模板，结合要求四角密实方正，利用模板和背楞槽钢的反复包边贴缝，形成复合企口，如图5-2所示。

（2）竖向背楞采用40mm×80mm双拼木方，柱箍采用48mm×3.6mm双钢管、对拉螺栓蝴蝶扣加固体系，第一道柱箍距基础顶面200mm，最顶端柱箍距梁底标高位置250mm，其余柱箍间距400mm。为预防振捣混凝土时，螺母松脱爆模，由下至上4道柱箍及由上至下4道柱箍采用双螺母，其余柱箍采用单螺母。

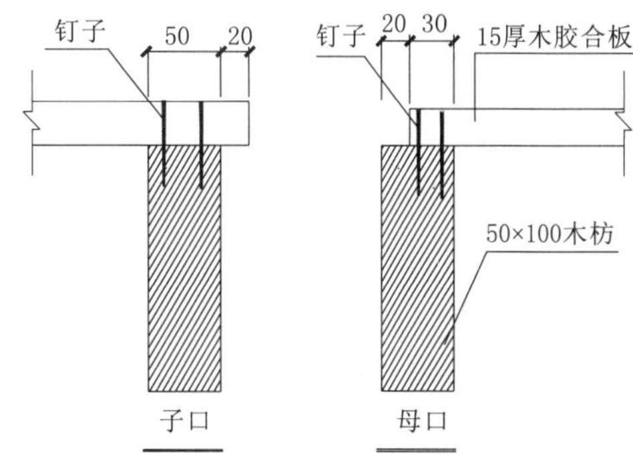

图5-2　柱模板拼缝企口缝大样图

（3）柱模垂直度和稳定性采用钢管斜撑，斜撑采用上、中、下3道ϕ48mm×3.6mm的钢管斜撑维持模板稳定，斜撑将力传递至提前预埋在基础或梁板内的ϕ25mm钢筋锚筋上。第一道斜撑受力点位置为柱高1/3；中部支撑为柱高1/2，上道斜撑为梁底标高下300mm处。斜撑四边对称设置。

（4）模板拼缝之间夹与胶合板厚度相同的双面胶纸，新旧混凝土接茬处先采用15～20mm密度适中的海绵条塞缝封堵，再在浇筑柱混凝土前2天采用M15水泥砂浆沿柱脚抹水泥砂浆封堵带防止漏浆烂根。

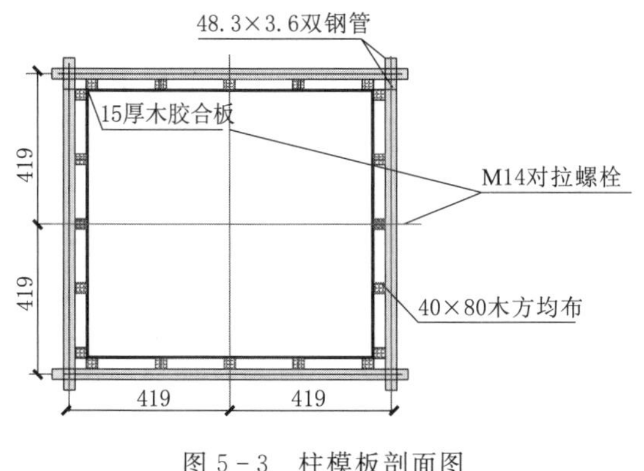

图5-3　柱模板剖面图

（5）柱模每次使用前均应清理并均匀地喷涂无色乳液型建筑模板脱模剂。

（6）对拉螺杆孔采取集中机械打孔，柱长短边模板对拉螺杆孔严格按照图5-3设计要求打孔；柱四周对拉螺杆孔在同一水平线和垂直线上，其误差不大于1mm。柱模根部要用水泥砂浆堵严，防止跑浆；柱模模板组拼时应在一侧每间隔3m设置一个浇筑口和在柱底部设置清扫口。

（二）墙体模板

（1）墙体模板面板采用15mm厚覆面木胶合板，规格宜采用1.22m×2.44m。

（2）墙体模板竖向背楞采用40mm×80mm木方，加固采用竖向横向双钢管对拉螺杆以及与对拉螺杆配套的蝴蝶扣螺母和钢管斜撑、钢管地锚体系加固。竖向背楞采用40mm×80mm间距180mm，横向主梁采用间距400mm、ϕ48mm×3.6mm双钢管，对拉螺杆直径14mm竖向横向间距400mm×400mm。

（3）支撑：模板背面采用上、中、下各加一排 ϕ48mm×3.6mm 钢管斜撑维持模板稳定，斜撑间距不大于 1.2m，上下交错布置；斜撑將力传递至预埋在底部或楼面板 ϕ25mm 锚筋上。

（4）模板拼缝之间夹与胶合板厚度相同的双面胶纸，新旧混凝土接茬采用 15～20mm 密度适中的海绵条。在模板拼接时，尽可能的做法做成企口缝，防止拼接缝处漏浆。

（三）梁模板

（1）梁模板的面板（梁底板、侧板）均采用 15mm 厚覆面木胶合板。为防止浇筑混凝土时漏浆，梁底与梁帮采用复合企口法拼接，并且应梁侧板包梁底板。

（2）梁的次楞（背楞）：采用 40mm×80mm 双拼木方，立放使用。梁底和梁侧木方平行跨度方向顺长立放设置，中距不大于 150mm；梁的主楞（主梁）采用 ϕ48mm×3.6mm 双钢管。

（四）现浇板模板

现浇板模板采用 15mm 厚覆面木胶合板。为防止浇筑混凝土时漏浆两板接缝处夹双面胶纸，铺装后粘贴不干胶纸。

现浇板主龙骨（主梁）采用 ϕ48mm×3.6mm 双钢管、次龙骨（小梁）采用 40mm×80mm 过刨木方。

（五）梁、板模板支撑架

1. 梁、板支撑体系

（1）本工程结构标高 16.60m 梁板混凝土模板支撑架高度 14.60m，属于超过一定规模危险性较大模板工程及支撑体系。按《建筑施工脚手架安全技术统一标准》（GB 51210—2016）规定模板支撑架安全等级为Ⅰ级，按《建筑施工扣件式钢管脚手架安全技术规范》（JGJ 130—2011）规定模板支撑架为加强型。根据结构设计特点结合现场工况及当地市场周转材料的供应情况；本工程模板支撑架采用落地式钢管扣件式满堂支撑架体系。支撑架体系所用钢管、扣件、可调托撑等构配件，其质量与允许偏差应符合现行行业标准《建筑施工扣件式钢管脚手架安全技术规范》（JGJ 130—2011）第 3 条、第 8 条的规定。

（2）根据结构设计特点结合现场工况，以结构标高 16.60m 梁板建立最不利的模板支撑架受力模型进行计算与支撑架体设计。支撑架纵横向立杆、水平杆、竖向、水平剪刀撑及抱箍式拉结件均采用 ϕ48mm×3.6mm 钢管，立杆、水平杆的接长均采取对接扣件接长；竖向、水平剪刀撑的斜杆接长均采取搭接。支承梁底小梁采用双拼 40mm×80mm 木方、主梁采用 ϕ48mm×3.6mm 双钢管；立杆受力传递力杆件采用可调托撑。梁底、梁侧、板模板采用 15mm 厚木胶合板。

（3）支撑架地基、垫板：采用结构标高 2.0m、厚 200mm、C30 混凝土作为支撑架的基础。垫板采用 200mm×45mm 木脚手板，每根立杆均设 100mm×100mm×（6～8）mm 钢垫板，如图 5-4 所示。

（4）梁板立杆：支撑架纵横向立杆均采用 ϕ48mm×3.6mm 钢管，立杆纵距 900mm，板立杆纵横间距 900mm×900mm，立杆接长均采用对接扣件接长；立杆的

对接扣件应交错布置；两根相邻立杆的接头不得设置在同步内，同步内隔一根立杆的两个相隔接头在高度方向错开的距离不宜小于500mm，各接头中心至主节点的距离不宜大于步距的1/3。立杆伸出顶层水平杆中心线至支撑点的长度不得超过0.5m。

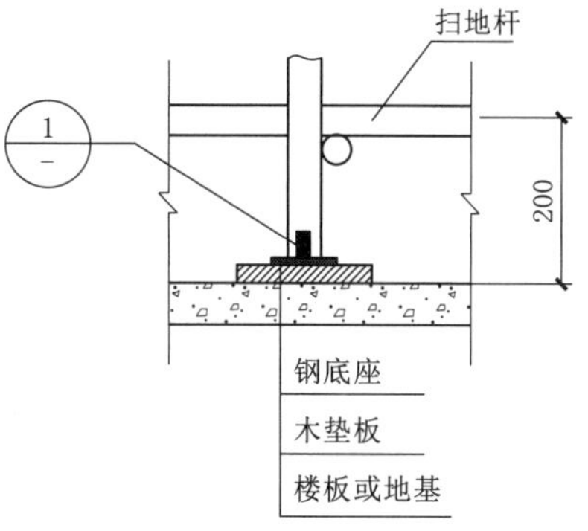

图5-4　立杆底部大样图

（5）水平杆：支撑架纵横向水平杆均采用ϕ48mm×3.6mm钢管，纵横向水平杆接长均采用对接扣件接长，两根相邻纵向水平杆的接头不宜设置在同步或同跨内；不同步或不同跨两个相邻接头在水平方向错开的距离不应小于500mm；各接头中心至最近主节点的距离不宜大于纵距的1/3。纵横向水平杆顶部加密。

（6）扫地杆：支撑架纵横向立杆均设扫地杆，扫地杆采用ϕ48mm×3.6mm钢管，宜先纵后横，纵向再上横向再下。纵向扫地杆距相邻立杆底端支承面200mm，用直角扣件与相邻立杆固定；横向扫地杆采用直角扣件固定在紧靠纵向扫地杆下方的立杆上，设置扫地杆时梁板应纵横向统筹考虑。

（7）竖向剪刀撑采用ϕ48mm×3.6mm钢管扣件搭设，在架体外侧周边及内部纵横向每隔5跨且不大于4.5m搭设由底至顶设置连续竖向剪刀撑，剪刀撑宽度为最大宽度4.5m。竖向剪刀撑斜杆与地面的倾角应为45°～60°，剪刀撑斜杆的接长采用搭接，搭接长度不小于1m，并采用3个旋转扣件等间距固定，端部扣件盖板的边缘至杆端距离不应小于100mm。每处剪刀撑斜杆底端与地面顶紧。

（8）水平剪刀撑采用ϕ48mm×3.6mm钢管扣件搭设，水平剪刀撑均在竖向剪刀撑斜杆相交平面设置。剪刀撑宽度应为4.5m。水平剪刀撑与支架纵或横向的夹角应为45°～60°，本工程模板支撑架在结构标高16.6m竖向剪刀撑顶部交点平面和扫地杆的设置层平面各设置一道水平剪刀撑，在支撑架高度1/2位置设置第二道水平剪刀撑，总共设置3道水平剪刀撑。剪刀撑采用旋转扣件固定在与之相交的水平杆或立杆上，旋转扣件中心线至主节点的距离不宜大于150mm。

（9）拉结件：采用ϕ48mm×3.6mm钢管扣件搭设抱箍（框）式拉结件，拉结件除每根框架柱位置竖向间距2.4m设置外，每层框架梁上设置预埋钢管扣件式拉结件，该拉结件纵向间隔1.8～2.25m设置一处，且设置位置对应支撑架主节点不得大于300mm。抱箍式连墙件如图5-5所示。

（10）可调托撑：支撑架立杆调平与起拱采用每根立杆顶端安装一个可调式托撑，其可调托撑螺杆伸出长度不得大于300mm，插入立杆内的长度不得小于150mm。

（11）调平或起拱：梁满堂支撑架体立杆的调平或起拱采用可调U型钢可调托撑，其可调托撑螺杆伸出长度不得大于200mm，插入立杆内的长度不得小于150mm。梁起拱应符合设计要求；设计无要求时，其模板起拱高度宜为梁跨度的1‰～3‰，先主梁后次梁；板起拱随主、次梁的要求一致。

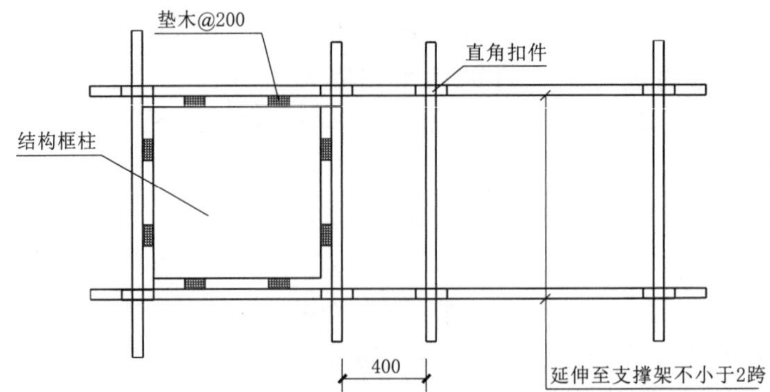

图 5-5　连墙件与结构框柱抱箍式连墙件示意图

2. 爬梯设置

搭设满堂扣件式支撑架时，在架体的中部或角部设置上下人的转角爬梯，转角平台宽度不小于 900mm，长度不小于两跨。爬梯采用 1.5m 长短钢管做踏步，用直角扣件固定在相邻的立杆位置上的方法设置上下爬梯；爬梯的档距 300mm，第一步踏步杆距地 300mm，并悬挂上下爬梯的标识牌。

三、技术参数

（一）梁模板支设技术参数

梁模板支设技术参数见表 5-2，支模如图 5-6 所示。

表 5-2　　梁模板支设技术参数

项　目		技术参数与要求
典型梁截面尺寸		400mm×800mm、350mm×700mm、300mm×700mm、250mm×600mm
支架高度及体系		支撑架架体高度 14.60m，采用 ϕ48mm×3.6mm 钢管扣件式满堂支撑架体系
支撑架基础及垫板		支撑架利用结构标高 2.0m、厚 200mm 的钢筋混凝土屋面板作为模板支撑架基础。垫板采用 50mm 厚、200mm 宽的木脚手板和 100mm×100mm×6mm 的钢垫板
立杆	梁底立杆	立杆采用 ϕ48mm×3.6mm 钢管，立杆纵距 900mm。立杆的接长采用对接扣件，立杆伸出顶层水平杆中心线至支撑点的长度不得超过 0.5m
	梁两侧立杆	梁两侧对称各设 ϕ48mm×3.6mm 钢管 1 根，梁两侧立杆横距 900～1000mm；支撑架体立杆距四周柱外皮不大于 300mm，立杆伸出顶层水平杆中心线至支撑点的长度不得超过 0.5m
	梁底增加立杆	截面尺寸为 400mm×800mm 的梁，在梁底增加 2 根 ϕ48mm×3.6mm 钢管顶梁杆；其他截面尺寸的梁，在梁底增加 1 根 ϕ48mm×3.6mm 钢管顶梁杆；顶梁杆钢管接长采用对接扣件
	步距	立杆步距 1.40m，顶步加密
扫地杆	纵向或横向	梁板扫地杆采用 ϕ48mm×3.6mm 钢管统筹设置，宜先纵后横，纵向在上，横向在下。纵向扫地杆距相邻立杆底端支承面 200mm，用直角扣件与相邻立杆固定；横向扫地杆采用直角扣件固定在紧靠纵向扫地杆下方的立杆上
梁底模	梁底木板	采用 15mm 厚覆面木胶合板
	梁底支撑小梁	采用 40mm×80mm 双拼木方，立面设置；木方平行于梁跨度方向设置，间距不大于 200mm；木方小梁自由悬臂长度不大于 150mm
	梁底支撑主梁	采用 ϕ48mm×3.6mm 钢管，垂直跨度方向布置，间距 900mm

续表

项　　目		技术参数与要求
梁侧模	梁侧木板	采用 15mm 厚覆面木胶合板
	梁侧小梁	采用 40mm×80mm 木方，间距不大于 200mm 沿梁高平均设置，木方平行于跨度方向布置，木方立面设置
	梁侧主梁	采用 ϕ48mm×3.6mm 双钢管，垂直跨度方向布置，间距 600mm
对拉螺杆	对拉螺杆	采用 M14 对拉螺杆、水平间距 600mm，竖向第一道对拉螺杆距梁底 250mm，第二道距梁底 550mm
剪刀撑	竖向剪刀撑	竖向剪刀撑采用 ϕ48mm×3.6mm 钢管和扣件在架体外侧周边及内部，纵横向每隔 5 跨，宽度不小于 3.0m 搭设。由底至顶设置连续竖向剪刀撑。剪刀撑最大宽度 3.0～5.0m。竖向剪刀撑斜杆与地面的倾角应为 45°～60°。剪刀撑斜杆的接长采用搭接，搭接长度不小于 1m，并采用 3 个旋转扣件等间距固定，端部扣件盖板的边缘至杆端距离不应小于 100mm。每处剪刀撑斜杆底端与地面顶紧
	水平剪刀撑	水平剪刀撑采用 ϕ48mm×3.6mm 钢管和扣件搭设，均在竖向剪刀撑斜杆相交平面设置，宽度 3.0～5.0m。水平剪刀撑与支架纵或横向的夹角应为 45°～60°，在竖向剪刀撑顶部交点平面和扫地杆的设置层平面各设置一道，第三道设置在支撑架体的中部，在竖向剪刀撑斜杆相交平面。本支撑架共设置三道水平剪刀撑。剪刀撑采用扣件固定在与之相交的水平杆或立杆上，旋转扣件中心线至主节点的距离不宜大于 150mm
连墙件	抱箍式刚性连墙件	连墙件采用 ϕ48mm×3.6mm 钢管，设置抱框式拉结筋。在支架的四周和内侧每轴柱位置设置，竖向每间隔 3m 设置一处
调平与起拱	可调式托撑	梁立杆调平与起拱采用每根立杆顶端安装一个可调式托撑，其可调托撑螺杆伸出长度不得大于 250mm，插入立杆内的长度不得小于 150mm。梁起拱应符合设计要求；设计无要求时，其模板起拱高度宜为梁跨度的 1‰～3‰

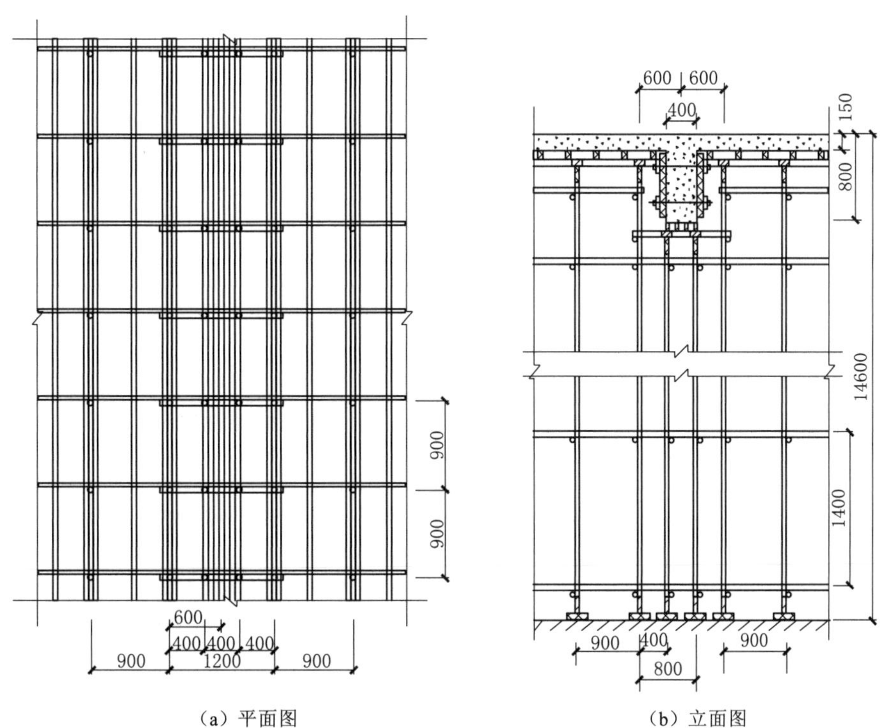

图 5-6（一）　支模示意图

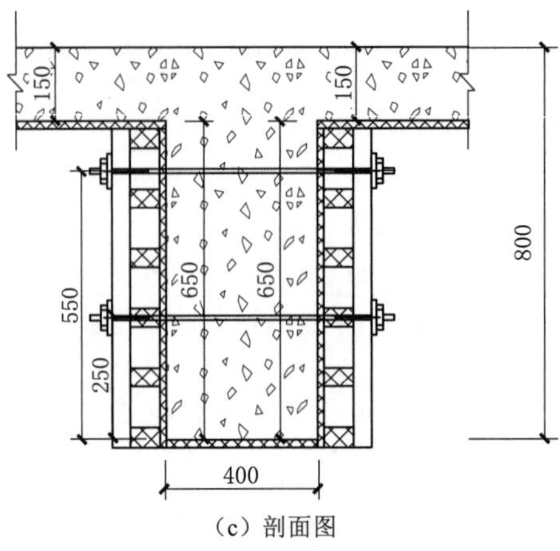

(c) 剖面图

图 5-6（二） 支模示意图

(二) 现浇板承重架及模板技术参数

现浇板承重架及模板技术参数见表 5-3，支模如图 5-7 所示。

表 5-3　　现浇板承重架及模板技术参数

项　目		技术参数与要求
典型板厚		150mm
支架高度及体系		支撑架架体高度 14.60m，采用 ϕ48mm×3.6mm 钢管扣件式满堂支撑架体系
支撑架基础及垫板		支撑架利用结构标高 2.0m、厚 200mm 的钢筋混凝土屋面板作为模板支撑架基础。垫板采用 50mm 厚、200mm 宽的木脚手板和 100mm×100mm×6mm 的钢垫板
立杆	立杆	立杆采用 ϕ48mm×3.6mm 钢管，立杆纵、横间距均为 900mm。立杆的接长采用对接扣件，立杆伸出顶层水平杆中心线至支撑点的长度不得超过 0.5m
	步距	立杆步距 1.40m，顶步加密
扫地杆	纵向或横向	梁板扫地杆采用 ϕ48mm×3.6mm 钢管统筹设置，宜先纵后横，纵向在上，横向在下。纵向扫地杆距相邻立杆底端支承面 200mm，用直角扣件与相邻立杆固定；横向扫地杆采用直角扣件固定在紧靠纵向扫地杆下方的立杆上
板模板	底板	采用 15mm 厚覆面木胶合板
	支撑小梁	采用 40mm×80mm 木方，立面设置；间距不大于 200mm。木方小梁自由悬臂长度不大于 250mm
	支撑主梁	采用 ϕ48mm×3.6mm 钢管，间距 900mm，主梁自由悬臂长度不大于 150mm
剪刀撑	竖向剪刀撑	竖向剪刀撑采用 ϕ48mm×3.6mm 钢管和扣件在架体外侧周边及内部，纵横向每隔 5 跨，宽度不小于 3.0m 搭设。由底至顶设置连续竖向剪刀撑。剪刀撑最大宽度 3.0～5.0m。竖向剪刀撑斜杆与地面的倾角应为 45°～60°。剪刀撑斜杆的接长采用搭接，搭接长度不小于 1m，并采用 3 个旋转扣件等间距固定，端部扣件盖板的边缘至杆端距离不应小于 100mm。每处剪刀撑斜杆底端与地面顶紧
	水平剪刀撑	水平剪刀撑采用 ϕ48mm×3.6mm 钢管和扣件搭设，均在竖向剪刀撑斜杆相交平面设置，宽度 3.0～5.0m。水平剪刀撑与支架纵或横向的夹角应为 45°～60°，在竖向剪刀撑顶部交点平面和扫地杆的设置层平面各设置一道，第三道设置在支撑架体的中部，在竖向剪刀撑斜杆相交平面。本支撑架共设置三道水平剪刀撑。剪刀撑采用扣件固定在与之相交的水平杆或立杆上，旋转扣件中心线至主节点的距离不宜大于 150mm

续表

项　　目		技术参数与要求
连墙件	抱箍式刚性连墙件	连墙件采用 ϕ48mm×3.6mm 钢管，设置抱框式拉结筋。在支架的四周和内侧每轴柱位置设置，竖向每间隔 3m 设置一处
调平与起拱	可调式托撑	梁立杆调平与起拱采用每根立杆顶端安装一个可调式托撑，其可调托撑螺杆伸出长度不得大于 250mm，插入立杆内的长度不得小于 150mm。梁起拱应符合设计要求；设计无要求时，其模板起拱高度宜为梁跨度的 1‰～3‰

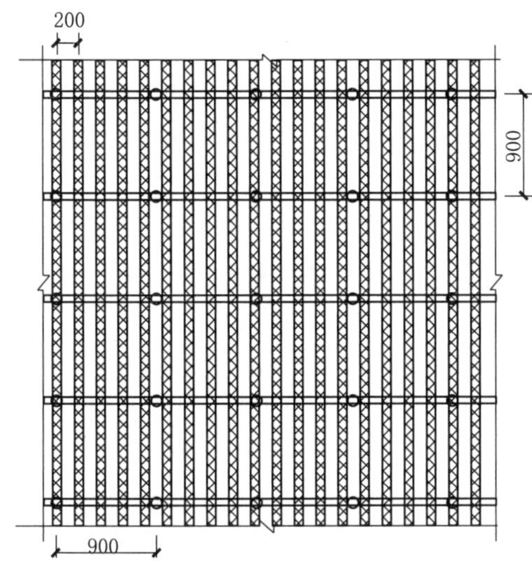

(a) 平面图

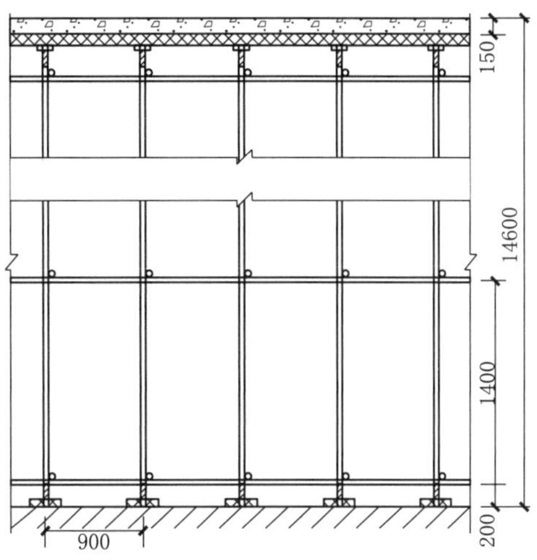

(b) 模板设计剖面图(模板支架纵向)

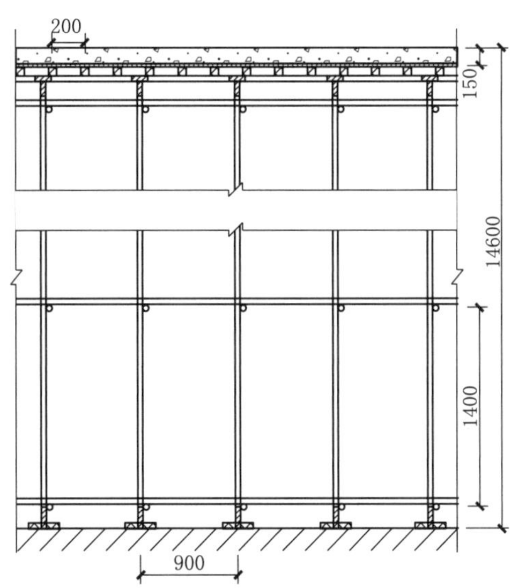

(c) 模板设计剖面图(模板支架横向)

图 5-7　支模示意图

(三) 框架柱模板技术参数

框架柱模板技术参数见表 5-4，支模如图 5-8 所示。

表 5-4　　框架柱模板技术参数

项　　目	技术参数与要求
典型梁截面尺寸	最大截面 600mm×600mm
面板	15mm 厚木胶合板
背楞	长短边均布 5 根 40mm×80mm 木方
柱箍	M14 对拉螺栓、蝴蝶扣、ϕ48mm×3.6mm 双钢管，柱箍间距 450mm
斜撑	ϕ48mm×3.6mm 钢管斜撑体系，四周对称设置

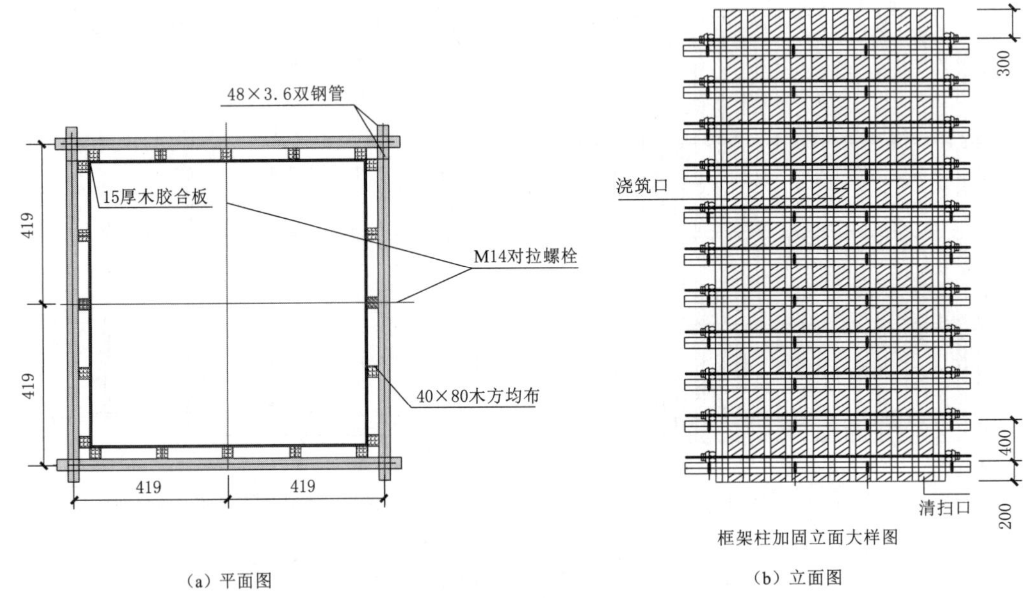

图 5-8　支模示意图

四、模板加工制作

(一) 模板的加工

(1) 模板的加工制作应在现场模板加工棚内加工制作完成，模板下料应准确，切口应平整，组装前应调平、调直、校核方正。模板的设计需根据模板周转使用部位针对设计图纸要求的各构件截面尺寸、标高等设计或施工方案要求进行模板设计，各构件模板应按照设计进行分类编号。

(2) 选择模板面板时，模板材料应干燥。需注意板的表面是否平滑，有无破损，胶木板有无空隙、扭曲、脱胶，边口是否整洁，厚度、长度公差是否符合要求。

(3) 柱、梁两侧模板对拉螺杆孔，应根据通过模板侧压力计算的纵横间距弹线集中机械打孔，其误差纵横向对拉螺杆孔中心水平垂直误差不大于 1mm。

(4) 面板后的受力竖向或横向背（肋）楞采用的型材或钢管或木方，其布置间距严格按照受力计算的间距进行。

(5) 模板龙骨不宜有接头。当确需接头时，有接头的主龙骨数量不应超过主龙骨数量的 50%。模板背后竖向横向背楞如采用木方应提前过压刨刨直，刨成统一规格，若采用型材必须调直调平；采用双钢管应采用同一直径壁厚且顺直无弯曲、锈蚀变形钢管。对拉螺杆的燕尾扣、螺母等配件必须与背楞木方、型材、钢管、螺杆等杆件配套、吻合、紧密、紧固。

（6）各构件模板的截面几何尺寸、高度必须符合设计要求。

（7）胶合板模板的配置方法和要求。

1）胶合板的配置方法：按照设计图纸尺寸直接进行配置。形体简单的结构构件，可根据结构施工图直接按尺寸列出模板规格和数量进行配置。模板厚度、横档及背楞的断面和间距，以及支撑体系的设置，均通过计算确定。形体复杂的结构构件，按图纸的尺寸采用计算机技术进行辅助画图或模拟构件尺寸设计，模板进行现场放样的制作。

2）胶合板的配置要求：应整张直接使用，尽量减少随意锯截，以免造成胶合板浪费。胶合板的厚度，内、外背楞的间距可随胶合板的厚度及构件种类和尺寸，通过计算确定。

支撑架体采用 ϕ48mm×3.6mm 钢管搭设。其支撑系统立杆、水平杆、水平剪刀撑或竖向剪刀撑及扫地杆的设置均应通过计算确定，且应满足现行行业标准《建筑施工模板安全技术规范》（JGJ 162—2008）、《建筑施工扣件式钢管脚手架安全技术规范》（JGJ 130—2011）和《建筑施工脚手架安全技术统一标准》（GB 51210—2016）的相关要求。

钉子长度应为胶合板厚度的 1.5～2.5 倍，每块胶合板与木方相叠处至少钉 2 个钉子。第二块板的钉子要转向第一块模板方向斜钉，使拼缝严密。配置好的模板应在反面编号并写明规格，涂刷合格建筑模板脱模剂，并分别堆放保管，以免错用。

（二）模板制作验收

（1）模板制作的尺寸的允许偏差应符合表 5-5 的要求。

表 5-5　模板制作尺寸允许偏差与检验方法

项次	项　　目	允许偏差/mm	检 验 方 法
1	模板高度	±2	用钢直尺检查
2	模板宽度	±1	用钢直尺检查
3	整块模板对角线	≤3	用塞尺检查
4	单块板面对角线	≤3	用塞尺检查
5	边肋平直度	3	用 2m 靠尺和塞尺检查
6	相邻面板拼缝高低差	≤1.0	用 2m 靠尺和塞尺检查
7	相邻面板拼缝间隙	≤0.8	用平尺和塞尺检查
8	对拉螺杆孔中心距	≤1.0	用钢直尺检查
9	对拉螺杆孔纵横平直度、垂直度	≤1.0	用 2m 靠尺检查

（2）模板的板面应干净，隔离剂涂刷均匀。模板间的拼缝严密、平整，模板支撑位置正确、连接牢固。

五、模板安装

（一）柱模板安装

1. 柱模板施工工艺流程

基层清理→放线→设置定位基准→第一块模板安装就位→安装支撑→临侧模板安装就位→连接第二块模板、安装第二块模板支撑→安装第三、四块模板及支撑→校正、纠偏→安装柱箍→全面检查校正→柱模群体固定→清除柱模内杂物→封堵清扫口。

2. 放线

测量人员依据图纸和测量控制网络采用全站仪极坐标法投侧柱轴线，各柱轴线复测合格后，再用钢尺量测柱边线和控制线，一般柱控制线离开柱边线200～300mm。

依据图纸和测量控制网络采用水准仪附和导线法施测出每根柱±0.000m，并用不易褪色记号笔或油漆标注在每根柱角部钢筋上。施测放线前，应采用高压水枪或人工将各根柱新旧混凝土接茬部位凿毛，并将柱根部清扫干净。

3. 设置定位基准

定位钢筋采用ϕ10～12mm短钢筋，在各柱筋距基础顶面50mm位置四周焊接，并在钢筋端头涂刷防锈漆2遍。定位钢筋长度比柱截面尺寸短1mm，用作定位筋的钢筋必须采用砂轮切割机下料，两端头必须平齐，不得存在马蹄形端头，长度误差1mm，且应提前安排专人制作、涂刷防腐漆备用。

另外，在浇筑承台混凝土时，安排专人在距柱外皮230～250mm位置，提前预埋ϕ10～12mm短钢筋，每边两个，用作固定柱脚模板地锚。

4. 柱脚板放样组拼制作

按照设计图纸以实体尺寸放样，矩形、正方形柱子每根柱预制好4块（片）模板，其中2块木胶合板宽度两边比柱截面小3mm，另外2块木胶合板两边宽度为柱截面加两块木胶板的厚度。面板的竖向背楞采用45mm×80mm经压刨刨平直、方正的木方，木方间距或数量应符合技术参数内的相关要求。

5. 钉压脚板

用50mm宽与模板面板厚度相同的胶合板做柱脚压脚板，根据已复测合格的各柱边线用钢尺量测，沿柱边线四周放大模板一个面板的厚度弹线，再用射钉将提前裁割合适的压脚板按线用射钉钉好，用以卡住柱模固定柱脚。固定压脚板射钉应从柱的角部开始，其间距不大于200mm；并且柱每侧角部不得少于一颗射钉。

6. 柱模板安装

压脚板订好复核尺寸合格后即可安装柱模板，柱模板时，2人一组相互配合，第一块柱模板安装到位用木方或钢管临时撑住后，再安装相邻的第二块模板再用木方或钢管做临时支撑将第二块模板撑住，以此类推将四块模板安装到位。安装过程中需要穿对拉螺杆时，按预先钻好的对拉螺杆孔穿好对拉螺杆；用不小于胶合板厚度2.5倍长度的铁钉固定相邻两块模板之间的拼缝，且拼缝之间夹纸质胶粘条，防止拼缝漏浆。

同一列柱应先安装两端的柱子模板，然后拉通线，对准边线安装模板。

7. 校正

柱模板安完后，全面复核模板的垂直度、对角线长度差及截面尺寸等。柱子垂直度校正采用同时挂两侧吊线坠、钢尺量测侧模板距吊线坠的距离的方法，检查柱垂直度的误差。垂直度误差的校正利用调整钢管斜撑出入来纠正柱模板的垂直度，校正、加固柱模设置的斜支撑时每两人一组，对称调整支撑，用力均匀步调一致；斜撑钢管与地面夹角宜为 45°～60°。通排柱先安装两端柱，经校正固定合格后，拉通线校正中间柱。

8. 柱箍安装

柱箍采用 ϕ48mm×3.6mm 双槽钢对拉螺杆蝴蝶扣体系，自下而上的顺序安装。第一道柱箍距基础顶面或梁顶面的距离不大于 200mm，最顶端柱箍距梁板底标高位置的距离不大于 300mm，其余柱箍间距 450mm。对拉螺杆螺母由下至上 4 道柱箍均上双螺母，由上至下 4 道柱箍均上双螺母，防止振捣混凝土时对拉螺杆螺母松脱而爆模，其余柱箍对拉螺杆可上一个螺母。对拉螺杆采用直径 14mm 带止水片通丝对拉螺杆，对拉螺杆长短边各设置 3 根。

(二) 墙体模板安装

1. 墙体模板安装施工工艺流程

安装前检查→侧墙模吊装就位→安装斜撑→插入穿墙螺栓（塑料套管）→清扫墙内杂物→安装就位另一侧墙模→安装斜撑→穿墙螺栓穿过另一侧墙模→调整模板位置→紧固穿墙螺栓→斜撑固定→与相邻模板连接。

2. 弹标高、墙体控制线

弹轴线、标高控制线前，先将墙体接槎处凿毛、杂物清理干净，再用墨斗或粉线包依据测量施测的墙体轴线、标高基准线，弹好离墙边 300mm 轴线控制线、洞口位置线、侧模下口水平线（距下口标高 200mm）、阴阳角控制线（距外大脚 100mm）、T 型 L 型墙体的轴线控制线（距轴线 300mm）；在钢筋上用油漆标识好预留洞口、预埋件、预埋套管等位置标高及标高控制线。

3. 粘贴海绵条

墙体模板安装前，以控制线返线拉线在墙体新旧混凝土接茬位置的两侧粘贴海绵条，以防止墙脚模板不严漏浆而产生墙体混凝土烂根质量通病。粘贴海绵条之前，采用高压水枪或人工将墙体池壁新旧混凝土接茬位置凿毛，并将钢筋、止水带上的油污、浇筑混凝土溅上的浆液清理干净。

4. 墙体两侧模板安装

(1) 模板就位前，首先将预先组拼的阴、阳角或 L 型或 T 型墙定型模板安装就位，并用 8 号铁丝与墙体立筋临时绑扎固定。墙体两墙模板安装时，内外侧作业人员同时进行，一般外侧从阳角内侧从阴角开始，按后浇带或划分的施工段分段安装、分段校正、分段穿对拉螺杆和搭设斜撑。

(2) 当采用散拼定型模板支模时，应自下而上进行，必须在下一层模板全部校正、紧固后，方可进行上一层安装。当下层不能独立设置支撑杆件时，应采取钢管、木枋等杆件做临时固定或临时支撑措施，不得用铁丝将模板与墙体钢筋网片绑扎在一起的临时固定方法。

（3）当采取预拼装的大块墙体模板进行支模安装时，不得同时起吊两块模板，并且应边就位、边校正、边连接，固定后方可摘钩。

（4）安装模板时内外侧模板安装作业人员应通力合作，互相提醒不得漏放模板定位塑料堵头或定位木块，先安装外侧模板时内侧模板安装人员配合外侧作业人员安装对拉螺杆、塑料堵头、定位木块等加固构件，若内侧模板先安装时外侧作业人员配合外侧模板安装一样的紧密配合。随安装模板随穿对拉螺杆随初步校正，模板缝要横平竖直。

（5）当墙体高度大于 2m 并且墙体两侧模板一次安装到顶时，墙体两侧模板应按每 2m 高间隔 5m 留置一处 350mm×350mm 的混凝土浇筑窗口，并在墙体底部每间隔 10m 留置一处 250mm×250mm 的清扫口。墙体两侧模板安装时，混凝土浇筑窗口模板与两侧模板同步安装，使用时再卸下，待混凝土浇筑后及时封堵。清扫口在混凝土浇筑前进行浇水湿润（浇水润湿模板以充分湿润无明显积水为度）模板和清扫，检查确认后及时封堵。

5. 导墙模板安装

导墙模板采用 15mm 厚双面覆膜木胶合板制成 500～800mm 高定型模板，其背枋木枋、间距、加固方法与墙体模板相同。

6. 墙体模板的校正

墙体侧模支模时，要控制好墙面的垂直度。支模时，两墙模板对拉螺杆穿好后，先用吊线锤吊垂线再调整斜撑固定控制墙面垂直度，水平方向上通过水平拉通线调整斜撑和对拉螺杆来控制。对拉螺杆最底下往上 3 排和最顶部往下 3 排均上双螺母，防止振捣混凝土时螺母松动而爆模。墙体两墙模板加固体系不得与落地双排钢管扣件式操作平台连成整体，应各自成独立架体。

7. 模板支撑与加固

墙体两侧模板的加固采取水平双钢管、对拉螺杆、山型扣、配套的螺母和钢管斜撑体系。水平双钢管、对拉螺杆、山型扣、配套的螺母控制墙体厚度和整体刚度，斜撑控制墙体模板的垂直度和稳定性。墙体两侧模板安装时，最底下往上 3 排和最顶端往下 3 排对拉螺杆应上双螺母，以防止振捣混凝土时松动而爆模，剩余对拉螺杆可上一个螺母。

为保证模板具有足够刚度、稳定性和垂直度，采取在墙体两侧模板外面设置上、中、下三排钢管斜撑，斜撑间距不宜大于竖向对拉螺杆间距 3 倍；内外对称设置，第一排斜撑位于墙体高度的 1/3 处，中间斜撑位于墙体高度的 1/2 处，上道斜撑位于墙顶标高下 250～300mm 处。墙体内侧模板斜撑将力传递至底板提前预埋的 ϕ25 锚筋上，并用电焊与锚筋焊接。墙体外侧模板斜撑将力传递至与墙体平行通长的扫地杆和地锚钢管上，用十字扣件将斜撑钢管与地锚水平钢管扣紧。

（三）梁模板安装

1. 梁模板安装施工工艺流程

测量放样→铺设垫板→搭设立杆→搭设横杆→搭设第一道水平剪刀撑、竖向剪刀撑→铺脚手板→上层立杆、横杆→剪刀撑→安装可调托撑→连墙杆搭设→支撑体系验收→安装梁底模主龙骨→安装梁底次龙骨→安装梁底模板→梁钢筋绑扎→合梁侧模板→安装梁侧次龙骨→安装梁侧模主龙骨→安装对拉螺栓→模板验收→混凝土浇筑→混凝土养护至设计强度→填写拆模申请→拆模。

2. 模板定位

根据定位桩点，投放出十字交叉控制线，再由十字交叉控制线测放出每根梁偏轴线 500mm 的控制线。投放完后，再用经纬仪在其他控制线上检查所放控制线的准确性。其他控制线以最外的轴线为主，中间轴线采取抽查方式检查。待偏轴控制线经核验准确后，再根据设计图纸，用经纬仪将梁边线位置引放出，用以控制模板边线。

3. 标高引测

根据控制水准点，用水准仪引测出各结构相对标高控制点（即俗称 500mm 线），并将其标注在柱钢筋上，再根据此点用钢尺或水平管引测出梁底、板底的标高。待铺设完板模板，在与梁、柱模板固定前，用水准仪、钢卷尺配合检查其准确性。

4. 梁模安装

梁、板支撑架体搭设完毕，验收合格后，即可按照方案要求安装龙骨，龙骨安装完成后随即铺设梁底模板，铺设时应先与柱头对接好并钉牢，梁施工时梁侧模应压梁底模。

梁侧模背楞沿梁跨度方向布置，小面朝下，木方净距不大于 150mm。梁侧模卡位竖向钢管间距同梁底小横杆。钢管上下端均应与满堂架扣接固定。并严格按照方案要求设置对拉螺杆。

当梁跨度大于 4m 时，应按设计要求起拱，设计未做明确要求时按 1～3/1000 起拱[7]。

（四）板模板安装

1. 工艺流程

复核板底标高→搭设支模架→安放龙骨→板模板安装→安装柱、梁、板节点模板→安放预埋件及预留孔洞模板→检查校正→清理、移交下道工序。

2. 支架搭设

板支撑架搭设详见满堂支撑架搭设。

3. 现浇板模板铺设

铺设模板时宜从四周采用整张铺起，在中间收口和局部小块拼补的方法，并且模板接缝应设置在龙骨上。压梁、墙侧模时，角位模板应拉通线用铁钉钉固。板模板宜按照排版图进行配板、编号，尽量使模板周转到下一层相同位置。

严格控制顶板模板的平整度，两块板的高低差不大于 1mm，主、次龙骨木枋应平直，过刨使其薄厚尺寸一致，板起拱可采用 U 型顶托调整立柱高度来达到起拱的要求。

六、梁、板满堂支撑架搭设

（一）整体工艺流程

梁板满堂支撑架搭设施工工艺流程如图 5－9 所示。

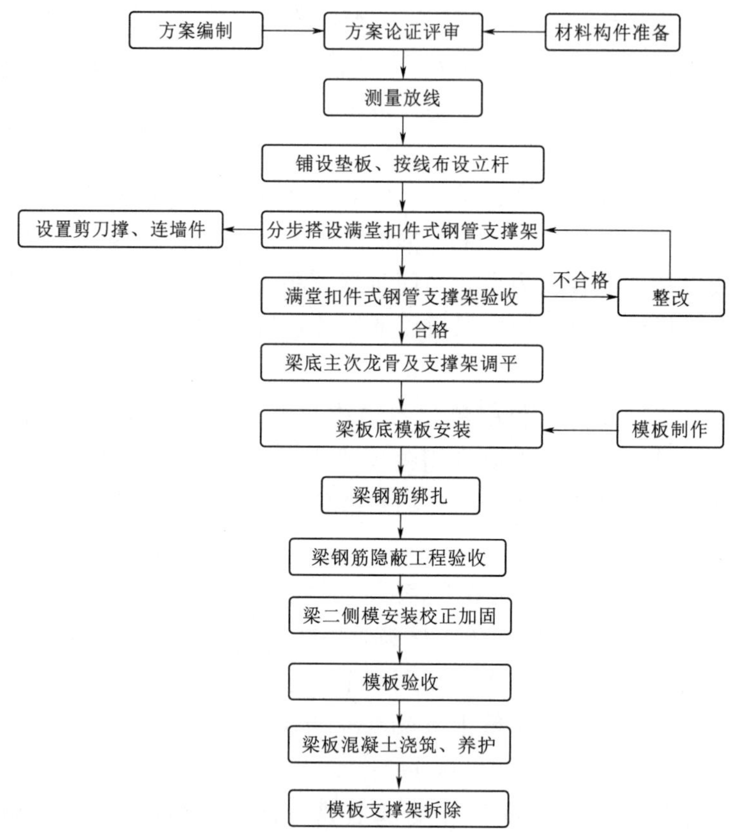

图 5－9　梁板满堂支撑架搭设施工工艺流程

（二）施工方法

1. 测量放线

由测量人员采用全站仪极坐标法在结构标高 4.000m 屋面板上投测出框柱、梁的轴线和控制线，再以施工方案设计的满堂支撑架设计的梁板立杆、两侧立杆施测支撑架体立杆的位置线。

2. 满堂支撑架基础

冷却塔框架结构标高 16.6000m，梁板混凝土模板支撑架利用结构标高 2.000m 屋面梁板（板厚 200mm）作为基础。

3. 高支模支撑体系满堂架搭设

（1）支撑体系满堂架搭设工艺流程：施放梁板支撑架体立杆网格线→铺设木垫板、钢垫板→放置纵向扫地杆→自角部起依次向两边竖立立杆，底端与纵向扫地杆扣接固定后、装设横向扫地杆也与立杆固定，每边竖起 4～5 根立杆后，随即装设第一步纵向

平杆和横向平杆、校正纵横向立杆垂直和平杆水平使其符合要求后，拧紧扣件螺栓，形成构架的起始段→按上述要求依次向前搭设，直至第一步支撑架交圈完成→第二步纵向水平杆→第二步横向水平杆，并随搭设进行设置水平、竖向剪刀撑。

（2）铺设木垫板：梁板满堂钢管支撑架的立杆下铺设200mm宽50mm厚木脚手板和100mm×100mm×6mm钢板，宜先纵向后横向，先梁后板的顺序铺设。

（3）立杆。梁混凝土模板支撑架立杆纵距900mm，梁立杆横距900～1200mm，步距1400mm顶步加密；截面400mm×800mm，梁底增加2根ϕ48mm×3.6mm钢管顶梁杆，截面350mm×700mm以下梁底增加1根ϕ48mm×3.6mm钢管顶梁杆。现浇板混凝土模板支撑架立杆纵横间距900mm×900mm，步距1400mm顶步加密。梁板满堂支撑架和中部露空防护架作业平台统筹考虑，先梁板支撑架后中部露空防护架的布置原则进行梁板立杆的布置；并且环梁内撑应向内侧扩展不得少于4跨。梁满堂支撑架搭设前，根据梁的两侧控制线，测放出梁两侧立杆的位置线再施测现浇板纵横立杆的位置线，梁底顶梁杆为一根时，顶梁杆应设置在梁宽的中轴线处，梁底顶梁杆为两根时，应与梁两侧立杆均分布置，梁板立杆施测调整核对后再根据中部露空的实际投影面积进行防护架立杆的布置。梁立杆纵距、步距，剪刀撑、与既有结构拉结等严格按第四大条技术参数要求进行布置与搭设。

支撑梁板立杆的接长均采取对接扣件接长，且对接扣件应交错布置，两根相邻立杆的接头不应设置在同步内，同步内隔一根立杆的两个相隔接头在高度方向错开的距离不宜小于500mm；各接头中心至主节点的距离不宜大于步距的1/3；立杆伸出顶层水平杆中心线至支撑点的长度不得超过0.5m。

当立柱底部不在同一高度时，高处的纵向扫地杆应向低处延长不少于两跨，高低差不得大于1m，立柱距边坡上方边缘不得小于0.5m。立杆距离墙体或者梁外侧的距离不应大于300mm。

搭设时先在支承面放线，确定立杆位置，将立杆与水平杆用扣件连接成第一步支架，完成一步搭设后，应对立杆的垂直度进行校正，然后搭设扫地杆并再次对立杆的垂直度进行校正，逐步搭设支架，每搭设一层纵向、横向水平杆时，应对立杆进行垂直校正，支架的水平杆位置必须按施工方案的要求设置，搭设应顺序、按步进行，不得错步搭设。

（4）扫地杆、水平杆。梁板满堂支撑架采用ϕ48mm×3.6mm钢管设置纵、横向扫地杆。纵向扫地杆应采用直角扣件固定在距底座上皮不大于200mm处的立杆上，横向扫地杆亦应采用直角扣件固定在紧靠纵向扫地杆下方的立杆上。当立杆基础不在同一高度上时，必须将高处的纵向扫地杆向低处延长两跨与立杆固定，高低差不应大于1m，靠边坡上方的立杆轴线到边坡的距离不应小于500mm。

纵横向各步水平杆其长度不宜小于3跨，各步纵横向水平杆应按步距沿纵向和横向通长连续设置，不得缺失。顶步加密。

纵向水平杆的对接扣件应交错布置：两根相邻纵向水平杆的接头不宜设置在同步或同跨内；不同步或不同跨两个相邻接头在水平方向错开的距离不应小于500mm；各接头中心至最近主节点的距离不宜大于纵距的1/3。模板支撑架体纵横向水平杆对接

如图 5－10 所示。

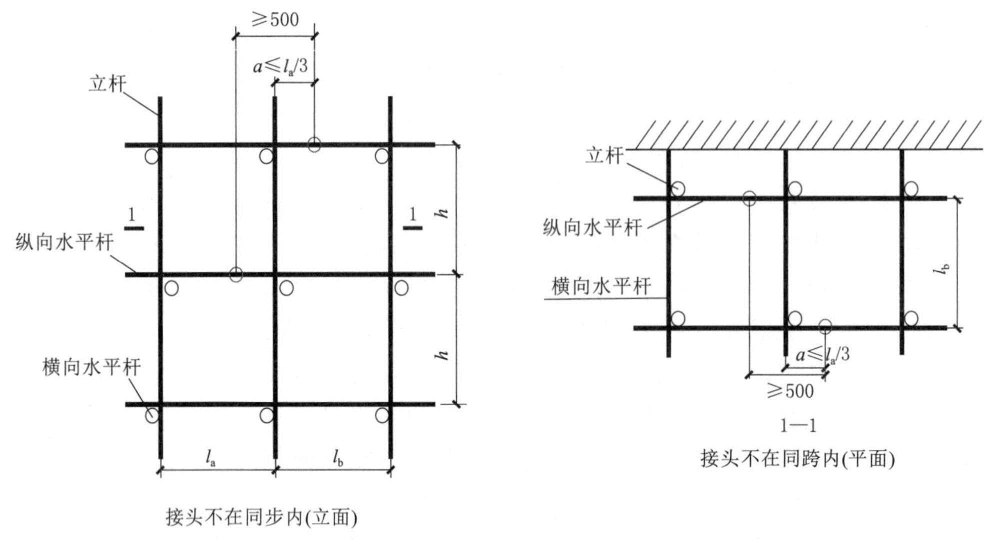

图 5－10　模板支撑架体纵横向水平杆对接立面示意图

l_a—立杆纵距；l_b—立杆横距

（5）剪刀撑。本工程模板满堂支撑架按《建筑施工扣件式钢管脚手架安全技术规范》（JGJ 130—2011）6.9.3 条 2 款加强型构造要求和《建筑施工模板安全技术规范》（JGJ 162—2008）进行架体构造设计与水平、竖向剪刀撑及相邻两竖向剪刀撑之间的斜撑设置。

竖向剪刀撑采用 ϕ48mm×3.6mm 钢管和扣件搭设在架体外侧周边及内部，纵横向每隔 5 跨，宽度不小于 3.0m 搭设。由底至顶设置连续竖向剪刀撑。剪刀撑最大宽度 3.0～5.0m。竖向剪刀撑斜杆与地面的倾角应为 45°～60°。剪刀撑斜杆的接长采用搭接，搭接长度不小于 1m，并采用 3 个旋转扣件等间距固定，端部扣件盖板的边缘至杆端距离不应小于 100mm。每处剪刀撑斜杆底端与地面顶紧。

水平剪刀撑采用 ϕ48mm×3.6mm 钢管和扣件搭设。水平剪刀撑均在竖向剪刀撑斜杆相交平面设置，宽度 3.0～5.0m。水平剪刀撑与支架纵或横向的夹角应为 45°～60°，在竖向剪刀撑顶部交点平面和扫地杆的设置层平面各设置一道，第三道设置在支撑架体的中部，在竖向剪刀撑斜杆相交平面。本支撑架共设置三道水平剪刀撑。剪刀撑采用扣件固定在与之相交的水平杆或立杆上，旋转扣件中心线至主节点的距离不宜大于 150mm。

（6）调平及起拱。梁、板满堂支撑架体立杆的调平及起拱均采用在每根立杆顶部安装一个可调 U 型钢可调托撑，其可调托撑螺杆伸出长度不得大于 200mm，插入立杆内的长度不得小于 200mm。梁起拱应符合设计要求；设计无要求时，其模板起拱应为梁跨度的 1‰～3‰。

（7）连墙件。梁满堂支撑架在每根框架柱处均设抱框式连墙件，竖向每间隔 3m 设置一处钢管扣件抱箍式连墙件。

（8）扣件。扣件规格必须与钢管外径相匹配；在主节点处固定横向水平杆、纵向

水平杆、剪刀撑等用的直角扣件、旋转扣件的中心点的相互距离应不大于150mm；对接扣件开口应朝上或朝内；各杆件端头伸出扣件盖板边缘的长度应不小于100mm。

扣件螺栓拧紧力矩控制为45～60N·m。在主节点处纵横向水平杆、剪刀撑、横向斜撑等用的直角扣件、旋转扣件的中心点的相互距离不应大于150mm。

抗滑扣件间应顶紧，安装完毕应由专职安全、技术人员用脚手架力矩扳手进行复核验收。

（9）可调钢托撑。可调托撑是满堂支撑架直接传递荷载和调平与梁板起拱的主要构件，支撑架每根立杆顶端应设置一个；可调托撑螺杆伸出钢管长度不得大于200mm，并保持垂直。

（10）满堂支撑架的搭设。模板满堂支撑架应自各施工流水段的角部逐排、逐步进行搭设。每排搭设4～5根纵向或横向立杆、扫地杆和第一步水平立杆后；逐排、逐步以此推进，并及时穿插搭设竖向剪刀撑和连墙件，顶层水平剪刀撑、安装可调托撑，调平、梁板起拱再安装支撑梁板主梁、梁底板、梁侧模板，现浇板次梁的顺序安装梁板及校正加固。

4. 注意问题及处置措施

本高支模工程采用钢管扣件落地式满堂支撑架体系，支撑架构造采用梁板立杆共用体系；以冷却塔16.60m高程屋面、截面尺寸为400mm×800mm框架梁的模板支撑架作为受力模型进行计算。支撑架基础利用结构标高2.0m的钢筋混凝土屋面板（厚度200mm、C30）和结构标高13.0m的纵横向框架梁或连梁作为支撑架受力立杆的基础。

结构标高16.60m框架梁、连梁模板支撑架立杆定位放线时，必须精准投测至结构标高2.0m屋面板上，确保结构标高16.60m框架梁、连梁模板支撑架一根顶梁杆位于梁宽度轴线上，两根顶梁杆中的其中一根必须位于梁宽度轴线上。

搭设过程中每三步架高必须认真仔细地校核每根立杆的垂直度，当遇立杆垂直度大于规范要求时，必须先调整立杆垂直度直至符合规范要求后，方可继续向上搭设。竖向、水平剪刀撑、拉结件及供作业人员的斜道或爬梯必须随支撑架体搭设同步进行[8]。

局部支撑架立杆利用结构13.0m梁作为支撑架受力立杆的基础，上层支撑架搭设时，其用作支撑架基础的各层框架梁混凝土强度应达到设计强度的80%及以上；浇筑上层框架梁混凝土时，其用作撑架基础的各层框架梁混凝土强度应达到设计强度的100%，方可进行上层框架梁混凝土的浇筑。本支撑架体系在结构标高16.60m屋面梁板混凝土浇筑强度未达到设计强度的100%时，不得拆除支撑结构标高13.0m梁和结构标高2.00m的梁板模板支撑架体的任何杆件，且外施工脚手架不得与模板支撑架相互拉结，仅外施工脚手架的连墙件可与浇筑后混凝土强度达到设计强度80%的框架柱、框架梁设置连墙件进行拉结。

七、高支模支撑架验收

（一）脚手架验收检查质量标准

（1）项目部模板支撑架验收小组，对模板支撑架进行检查验收时应严格按下列规定进行质量检查与控制。

1）对搭设支撑架的材料、构配件和设备应进行现场检验。

2）支撑脚手架每搭设 3 步检查验收一次；验收合格后方可继续搭设。

3）过程分步或分阶段或在支撑架搭设完工后的检查验收，均实现班组自检、安全员和质检员复检，验收合格后验收小组、监理或业主联合检查验收，验收合格后方可转入下道工序作业。

（2）项目部模板支撑架验收小组，对搭设支撑架的材料、构配件和设备应按进入施工现场的批次分品种、规格进行检验，检验合格后方可搭设施工，并应符合下列要求。

1）新产品应有产品质量合格证，工厂化生产的主要承力杆件、涉及结构安全的构件应具有型式检验报告。

2）材料、构配件和设备质量应符合本标准及国家现行相关标准的规定。

3）按规定应进行施工现场抽样复验的构配件，应经抽样复验合格。

4）周转使用的材料、构配件和设备，应经维修检验合格。

（3）在对脚手架材料、构配件和设备进行现场检验时，应采用随机抽样的方法抽取样品进行外观检验、实量实测检验、功能测试检验。抽样比例应符合下列规定。

1）按材料、构配件和设备的品种、规格应抽检 1%～3%。

2）安全锁扣、防坠装置、支座等重要构配件应全数检验。

3）经过维修的材料、构配件抽检比例不应少于 3%。

（二）脚手架搭设偏差

模板支撑架搭设允许偏差应符合下列要求。

（1）梁下支架立杆间距的偏差不宜大于 50mm，板下支架立杆间距的偏差不宜大于 100mm；水平杆间距的偏差不宜大于 50mm。

（2）检查支架顶部承受模板荷载的水平杆与支架立杆连接的扣件数量，采用双扣件构造设置的抗滑移扣件，其上下应顶紧，间隙不应大于 2mm；扣件扭紧检查数目及标准见表 5-6。

表 5-6　扣件扭紧检查数目及标准

检查项目	安装扣件数量/个	检查数量/个	允许的不合格数/个
连接立杆与纵横水平杆或剪刀撑的扣件，接长立杆、纵向水平杆或剪刀撑的扣件	51～90	5	0
	91～150	8	1
	151～280	13	1
	281～500	20	2
	501～1200	32	3
	1201～3200	50	5

续表

检 查 项 目	安装扣件数量/个	检查数量/个	允许的不合格数/个
连接横向水平杆与纵向水平杆的扣件（非主节点处）	51～90	5	1
	91～150	8	2
	151～280	13	3
	281～500	20	5
	501～1200	32	7
	1201～3200	50	10

（3）支撑架顶部承受模板荷载的水平杆与支架立杆连接的扣件拧紧力矩，不应小于40N·m，且不大于65N·m；支架每步双向水平杆应与立杆扣接，不得缺失；支撑架搭设允许偏差应符合表5－7的规定。

表5－7　　支撑架搭设技术要求及允许偏差

<table>
<tr><th colspan="2">项　目</th><th>技术要求</th><th>允许偏差
Δ/mm</th><th>示 意 图</th><th>检查方法与工具</th></tr>
<tr><td rowspan="5">地基
基础</td><td>表面</td><td>坚实平整</td><td rowspan="4">—</td><td rowspan="5">—</td><td rowspan="2">观察</td></tr>
<tr><td>排水</td><td>不积水</td></tr>
<tr><td>垫板</td><td>不晃动</td><td rowspan="3"></td></tr>
<tr><td rowspan="2">底座</td><td>不滑动</td></tr>
<tr><td>不沉降</td><td>－10</td></tr>
<tr><td rowspan="6">立杆
垂直
度</td><td>最后验收
垂直度</td><td>—</td><td>±100</td><td>Δ　Δ
H_{max}</td><td>用经纬仪或
吊线和卷尺</td></tr>
<tr><td colspan="5">下列脚手架允许水平偏差/mm</td></tr>
<tr><td colspan="2" rowspan="2">搭设中检
查偏差的高度/m</td><td colspan="3">总　高　度</td></tr>
<tr><td>50m</td><td>40m</td><td>20m</td></tr>
<tr><td colspan="2">H＝2
H＝10
H＝20
H＝30
H＝40
H＝50</td><td>±7
±20
±40
±60
±80
±100</td><td>±7
±25
±50
±75
±100</td><td>±7
±50
±100</td></tr>
<tr><td colspan="5">中间档次用插入法</td></tr>
</table>

续表

项　目		技术要求	允许偏差 Δ/mm	示 意 图	检查方法与工具
间距	步距纵距横距	—	±50 ±20	—	钢板尺
纵向水平杆高差	一根杆的两端	—	±20	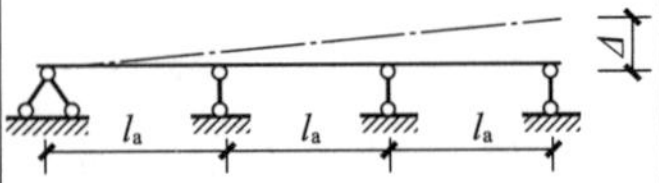	水平仪或水平尺
	同跨内两根纵向水平杆高差	—	±10	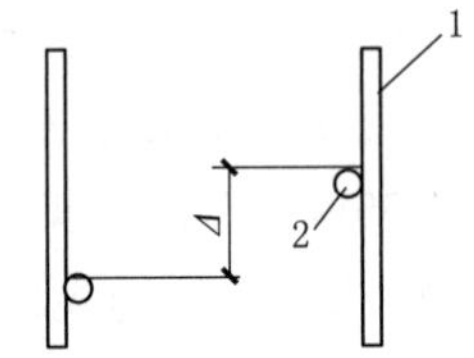	
双排脚手架横向水平杆外伸长度偏差		外伸 500mm	−50	—	
扣件安装	主节点处各扣件中心点相互距离	$a \leqslant 150$mm	—	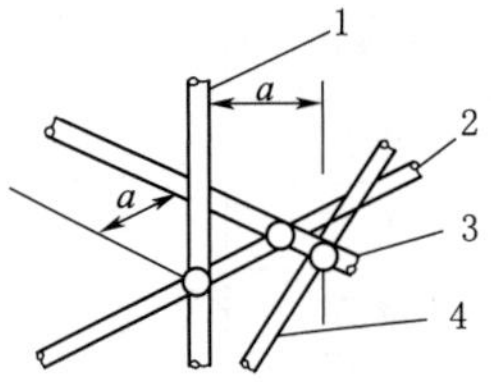	钢板尺
	同步立杆上两个相隔对接扣件的高差	$a \geqslant$ 500mm	—	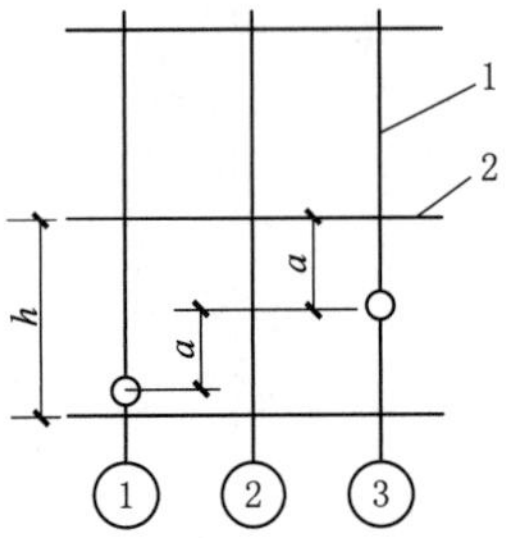	钢卷尺
	立杆上的对接扣件至主节点的距离	$a \leqslant h/3$	—		
	纵向水平杆上的对接扣件至主节点的距离	$a \leqslant l_a/3$	—	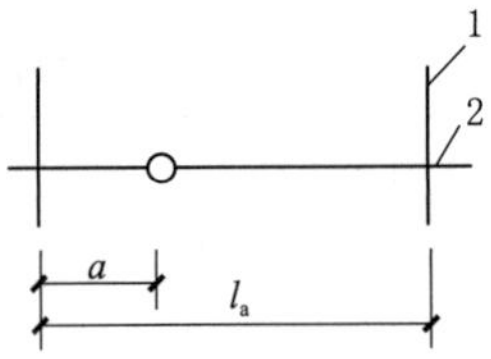	钢卷尺
	扣件螺栓拧紧扭力矩	40～65 N·m	—	—	力矩扳手
剪刀撑斜杆与地面的倾角		45°～60°	—	—	角尺

注　图中 1—立杆；2—纵向水平杆；3—横向水平杆；4—剪刀撑。

八、高支模支撑体系拆除

（一）安全技术要求

1. 安全技术交底

模板支架拆除前，由项目部技术部负责组织 QA/QC 部、HSE 部、施工部管理人员和作业人员进行安全技术交底，并做好交底书面手续。

2. 监护及设置围栏

模板支撑系统拆除，应由专业操作人员作业，由专人进行监护，在拆除区域周边设置围栏和警戒标志，由专人看管，严禁非操作人员入内。

（二）模板拆除

模板拆除时，采取先支的后拆、后支的先拆，先拆非承重模板、后拆承重模板的顺序，并应从上而下进行拆除。本工程混凝土强度达到设计的混凝土立方体抗压强度标准值 $f_{cu,k}$ 时，方可拆除底模及支架；当设计无具体要求时，同条件养护试件的混凝土强度应符合表 5－8 的规定。

表 5－8　　底模拆除时的混凝土强度要求

构件类型	构件跨度/m	混凝土强度/MPa
板	≤2	≥50%$f_{cu,k}$
	>2，≤8	≥75%$f_{cu,k}$
	>8	≥100%$f_{cu,k}$
梁、拱、壳	≤8	≥75%$f_{cu,k}$
	>8	≥100%$f_{cu,k}$
悬臂构件	—	≥100%$f_{cu,k}$

本高支模工程支撑架立杆利用结构标高 2.0m 位置的梁板和局部利用结构 13.0m 梁作为支撑架受力立杆的基础。上层支撑架搭设时，用作支撑架基础的各层框架梁混凝土强度应达到设计强度的 80%及以上；浇筑上层框架梁混凝土时，用作撑架基础的各层框架梁混凝土强度应达到设计强度的 100%，方可进行上层框架梁混凝土的浇筑。本支撑架体系在结构标高 16.60m 屋面梁板混凝土浇筑强度未达到设计强度的 100%时，不得拆除支撑结构标高 2.0m 区域梁板、结构标高 13.0m 梁的模板支撑架体的任何杆件（本高支模工程支撑架所用钢管、扣件、可调托撑等构配件和结构标高 2.0m 梁板，结构标高 13.0m 梁模板等周转材料均为一次性摊销），且外施工脚手架不得与模板支撑架相互拉结，仅外施工脚手架的连墙件可与浇筑后混凝土强度达到设计强度 80%的框架柱、框架梁设置连墙件进行拉结。

当混凝土强度能保证其表面及棱角不受损伤时，方可拆除侧模。

拆下的模板及支架杆件不得抛扔，应分散堆放在指定地点，并应及时清运。

模板拆除后应将其表面清理干净，对变形和损伤部位应进行修复。

拆除模板施工人员在拆模前应检查所使用的拆模工具是否有效可靠，扳手等工具

必须装在工具袋中或系挂在身上，并检查拆模范围内的安全措施。

拆除操作前，拆除施工人员应搭设安全操作平台，该平台可选适合作业高度的满堂支撑架纵横立杆水平杆形成网格上铺 1m 宽木脚手板并用铁丝扎牢的方式设置。拆除作业时，拆除人员应站在该安全作业面上操作。多人同时操作时，应分工明确、统一信号或行动。

拆模时，严禁使用大锤和撬棍，作业层上临时拆下模板堆放不得超过 3 层。拆除模板如中途停歇，应将已拆除松动、悬空、浮吊的模板或支撑进行临时支撑牢固或互相连接稳固。对活动部件必须一次拆除。遇 6 级以上大风时，应暂停高支模拆除作业。

梁、板拆除先将支撑上可调顶托松下，使支撑主梁、次梁钢管木枋与模板分离，并让支撑主次梁钢管木枋降至顶部纵横向水平杆上；采用铁丝或扣件将主次梁钢管木枋捆扎牢固或用扣件与主梁钢管连接形成临时支架，接着拆下全部模板的附件，再用铁钎撬动模板，使模板降至主次梁钢管木枋与顶部纵横向水平杆组成的临时支撑架上，先拿下模板再拿主次梁钢管或木方。

（三）支撑架体拆除

模板支撑系统的拆除作业应符合下列规定：

（1）按照先支的后拆原则，自上而下逐层进行，严禁上下层同时进行拆除作业。

（2）拆除顺序依次为次承重模板、主承重模板、支撑架体。同一层的构配件和加固件应按先上后下、先外后里的顺序拆除。

（3）拆除大跨度梁下支柱立杆时，应先从跨中开始，分别向两端拆除。

（4）水平杆和剪刀撑，必须在支架立杆拆卸到相应的位置时方可拆除。

（5）设有连墙件的模板支撑系统，连墙件必须随支架逐步拆除，严禁先将连墙件全部或数步拆除后再拆支架。

（6）在拆除过程中，支架的自由悬空高度不得超过两步。当自由悬空高度超过两步时，应加设临时拉结。

（7）支架拆除时，严禁超过两人在同一垂直平面上操作。严禁将拆卸的杆件、零配件向地面抛掷。

（8）混凝土后浇带未施工前，支撑不得拆除。

（9）支撑架的拆除作业不得重锤击打、撬别。拆除的杆件、构配件应采用机械或人工运至地面，严禁抛掷。

第三节 危大模板工程施工技术总结

一、模板施工方面

本工程属于化工类不规则构筑物工程，就构筑物本身而言，具有高度高、跨度大、结构复杂等特点。在工程建设过程中选用胶合木模板作为整个模板工程的主要施工材料。胶合板施工因其重量轻、裁剪方便等特点，适合高空作业过程中不规则构件的模

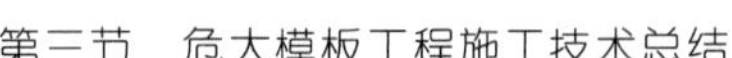

板安装工作。另外胶合板相比较其他定向钢模板及铝制模板还有成本投入小、施工操作便捷等特点。

本方案中，模板工程属于高空作业范畴，胶合模板材料的使用，造成在整个模板施工过程中，所需主材及辅材种类偏多，材料倒运量较大。整个模板施工过程中需要钢管、扣件、模板、主楞、次楞等材料。为整个高空作业带来诸多不可控因素，安全风险加剧。相比钢制滑模和铝制模板等定性模板，人员材料的投入偏大，严重影响施工功效，制约施工工期及施工成本。

二、承重架施工方面

本工程脚手架搭设采用 ϕ48mm×3.6mm 镀锌钢管、镀锌扣件等材料施工，相比较传统碳钢脚手架材料，镀锌材料具备抗腐蚀能力强、材料周转利用率高等特点。针对本工程特点，采用传统脚手架搭设工艺，更有利于不规则构件的模板成型等特点。对于局部构件荷载加大情况，可以根据现场实际施工情况，加密脚手架密度，达到安全稳固的效果。

随着科学技术的发展，传统脚手架搭设工艺在部分工程中，已经逐步被盘扣架、碗扣架等模块化工程材料替代。与此类模块化工程材料相比，传统脚手架在施工过程中需增加扣架材料使用、人员在施工过程中需增加扳手等工具携带。整体施工作业功效偏低，材料、人员成本增加。

三、危大模板工程施工体会及经验

目前我国经济技术不断提高，城市化也飞速发展，城市人口不断增多，城市建筑的需求也逐步提高。在建筑施工过程中，最常用并且有效的施工方式就是高支模施工。但是高支模工程因其工艺特点，造成其施工具有较强的危险性。整个施工过程的安全质量把控也成为整个工程建设控制的重难点。因此，在整个工程建设过程中，对施工人员的选择、工程技术的掌握情况、材料的选用、安全措施的落实等都成为整个工程建设成败的关键因素。

建筑市场随着科技的创新，不同类型、不同工艺的模板及脚手架材料不断更新换代，在整个工程建设过程中，结合工程实际情况，综合分析工程建设各项因素，选用科学合理的施工材料及施工工艺，既不影响工程进度又可控制工程施工成本，为合格优质工程的创建打下坚实的基础。

第六章 薄壁混凝土高墙一次成型浇筑施工

第一节　薄壁混凝土结构应用工程概况

一、薄壁混凝土结构项目简介

广东石化炼化一体化项目炼油区第二循环水场工程冷却塔框架及塔底水池结构为钢筋混凝土框架结构，建筑外型呈 51.4m×24.7m 矩形，冷却塔框架最大高度 16.6m，地上四层（水池半地下），层高分别为 4m、8.8m、13m、16.6m，剪力墙墙厚 150mm，为薄壁结构。

广东石化炼化一体化项目芳烃联合装置工程机柜间防爆墙为薄壁结构。机柜室平面尺寸：机柜室平面为矩形，防爆墙轴线尺寸为 40.25m×30.25m，南、北两侧墙体 40.25m，东西两侧墙体 30.25m，墙厚 350mm；防爆墙浇筑高度：底部高程−2.5m，顶部高程 6.3m，本次浇筑至顶板梁底部 5.4m 高程，浇筑高度 7.9m；结构特点：防爆墙底部坐落在基础承台上，底部双排插筋，防爆墙钢筋位于插筋两侧，与基础承台混凝土无锚固，与插筋绑扎连接。防爆墙内侧为一地梁，地梁宽 800mm，顶部高程−1.4m，底部高程−2.5m，防爆墙与地梁之间设置 100mm 间隔。

二、薄壁混凝土高墙一次成型工艺特点

（1）采取长条流水作业，分段循环往返，均匀上升，连续浇筑，定人、定岗、定位置、挂牌布料、振捣的方式，保证混凝土浇筑的安全及成型质量。

（2）施工程序化、管理规范化，降低劳动强度，易于保证安全。

三、适用范围

该工法应用在工业、民用建筑的混凝土剪力墙，以及混凝土水池池壁的施工。本方案以芳烃联合装置工程机柜间防爆墙为例进行介绍。

第二节　薄壁混凝土高墙一次成型浇筑施工方案

一、施工工艺流程

施工工艺流程如下：浇筑前准备→浇筑接浆层→分层布料 → 标尺分层测量布料高度→分层振捣 →墙体上口混凝土标高检查 →清除混凝土表面浮浆→找平抹压收面。对每一道工序层层把关，上道工序不合格不进入下一道工序。

二、操作要点

(1) 墙体浇筑前，检查模板的支撑系统，模板支撑系统竖向支撑为 ϕ48mm 钢管，间距 100mm，横向支撑围檩为两根 ϕ48mm 钢管，排距 500mm，模板之间用 ϕ12mm 的拉条固定，拉条间排距 300mm，梅花形布置；模板支撑系统外侧设置上、中、下三排 ϕ48mm 钢管抛撑，抛撑顶端支撑在横向围檩，底部支撑在地面设置的竖向固定点上，抛撑间距 6m。

清除模板内或承台顶面的杂物，表面干燥的承台面、模板洒水充分湿润，洒水后不得留有集水。留设清扫口模板封闭加固牢固。

(2) 接浆层浇筑：墙体混凝土浇筑前，先浇筑同配比砂浆在底部接槎处，其铺筑厚度 30～50mm，用泵管直接灌入模内，入模根据墙体混凝土浇筑顺序进行，随浇筑砂浆随浇筑混凝土，不得一次将一段接浆层全部浇筑完毕，以免砂浆凝结。

(3) 墙体混凝土浇筑：混凝土选用 C30 二级配，坍落度为 180mm±20mm，10m^3混凝土罐车水平运输，运送距离 72m 的汽车泵入仓。布料软管不得向模板内侧面直冲布料，也不得直冲钢筋骨架；混凝土下料点分散布置，布料间距控制在 2m 左右。布料人员随时用贴在内模的反光条测量布料厚度，分层厚度不大于 500mm，均匀下料[9]。墙体混凝土浇筑采取长条流水作业，分段循环往返，均匀上升，连续浇筑，定人、定岗、定位置、挂牌布料、振捣。浇筑完 1m 高即两层时必须停 1h，等到已浇筑混凝土达到一定强度后再进行下一层混凝土浇筑，避免混凝土下部侧向压力过大影响混凝土外观成型质量，振捣棒伸入下层混凝土不少于 5cm，杜绝漏振。分层高度由内模贴的反光条控制，由专人进行控制。

(4) 墙体振动棒振捣混凝土采用以下方法：

按分层浇筑厚度分别进行振捣，振动棒的前端插入前一层混凝土中，插入深度大于 50mm；振动棒垂直于混凝土表面并快插慢拔均匀振捣；振捣时间当混凝土表面无明显塌陷、有水泥浆出现、不再冒气泡时，可结束该部位振捣。

振动棒与模板的距离小于振动棒作用半径的 0.5 倍；当采用方格形排列振捣方式时，振捣插点间距不大于振动棒作用半径的 1.4 倍。采用三角形排列振捣方式时，振捣插点间距不大于振动棒作用半径的 1.7 倍，并且不大于 500mm；振捣时将振动棒上下抽动 50～100mm，以使混凝土振实均匀。

（5）门、窗等预留洞口进行浇筑时，洞口两侧浇筑均匀对称，振捣棒距洞边不小于30cm，从两侧同时振捣，以防洞口变形或底部不密实。对于洞口过梁钢筋较密处，采用30型小棒均匀振捣。振捣时间以混凝土表面出现浮浆，不再下沉为止，时间为20s左右。振捣棒不得触及模板、钢筋、预埋（管）件；浇筑时，设专人看护模板、钢筋有无位移、变形，发现问题及时处理。

（6）在钢筋密集处或墙体交叉节点处，要加强振捣，保证密实。在振捣时，要派专人看模，发现有涨模、移位等情况时及时处理，以保证混凝土的结构尺寸及外观质量符合设计验收规范要求。振捣中，振动棒避免碰撞钢筋、模板、预埋（螺栓）件等，发现有位移、变形，与各工种配合及时处理。

（7）墙上口找平：混凝土的标高控制以投测到墙体钢筋上的标高线为依据。墙体钢筋绑扎完毕后拉通线调整钢筋，墙体上口处放置保护层厚度的通长方木条，同时该木条固定水平用以控制混凝土的浇筑高度。待浇筑完毕后，对墙上口甩出钢筋加以整理。

三、材料与设备

1. 材料

芳烃装置机柜间墙体一次成型薄壁混凝土浇筑所需材料见表6-1。

表6-1　薄壁混凝土浇筑所需材料统计表　单位：m^3

序号	材　料	工　程　量	备　注
1	C30砂浆	3.5	接浆层
2	C30混凝土	420	抗爆墙混凝土

2. 设备

芳烃装置机柜间墙体一次成型薄壁混凝土浇筑所需设备见表6-2。

表6-2　薄壁混凝土浇筑所需设备统计表

序　号	设备名称	型　号	数　量
1	汽车泵	72m	1台
2	混凝土罐车	$10m^3$	3台
3	汽车吊	25t	1台
4	冲毛机	GCHJ—20	1台
5	振捣棒	50型、30型	6台

四、质量控制

（1）施工中严禁在混凝土中二次加水。混凝土试块必须按规定，由抽样员在现场取样、制作、养护和试验，混凝土坍落度要严格控制。

（2）浇筑时由现场负责人负责指挥浇筑，确保混凝土浇筑按技术交底要求进行。

（3）混凝土振捣均匀密实，振捣认真操作，确保整体混凝土密实，面层平整，无蜂窝麻面，无跑模、漏浆、裂缝。

（4）结构截面尺寸符合要求，标高准确，墙插筋位置准确，混凝土表面平整良好，无裂缝。按相关报检程序，经综合检查验收合格后，方可进行下道工序的施工。

（5）严格控制混凝土每层浇注厚度；钢筋密集区及模板脚部位置要加强振捣，防止出现蜂窝。

（6）实行关键部位关键工序的“专人负责制”，如混凝土浇筑完毕后由专人及时对混凝土进行养护，确保混凝土质量。

（7）联系业主协调厂区内运输道路的畅通，确保混凝土浇筑全程混凝土运输畅通无阻。其他施工班组、安装单位车辆注意避让混凝土运输车，保证混凝土供应速度。

五、安全措施

（1）建立安全生产岗位责任制，设立专职安全员，保证安全生产责任到人到位。专职安全员在施工中“全过程”巡视检查，排除安全隐患，紧急情况下可做停工处理。

（2）混凝土浇筑时，泵管必须设牵引绳，严禁用手直接扶管操作。

（3）离地面高 2m 以上浇捣混凝土时，不准站在脚手架跳板搭头上操作，如无可靠的安全设施时，必须系好安全带，并扣好保险钩。

（4）使用振捣棒时检查电源电压，必须有漏电保护，电源线不得有接头，不得在钢筋和其他锐利物上拖拉，防止割破拉断电线而造成触电伤亡事故。

（5）模板支撑和加固系统的结构形式和间距要经过强度和刚度等验算确定。

（6）混凝土作业过程中及混凝土浇筑前安排专人对混凝土支撑体系结构进行检查，排除隐患。

（7）混凝土在通过泵车垂直运输到位后，严禁直接对着模板系统高距离俯冲浇筑。

第三节　薄壁混凝土高墙一次成型浇筑施工技术总结

一、薄壁混凝土高墙一次成型浇筑施工方案优缺点

薄壁混凝土高墙一次成型浇筑施工方案优点：混凝土具有流动性，薄壁混凝土浇筑时，模板承受较大的侧压力，为确保浇筑安全和质量，采用分层布料、分段循环往返，均匀上升，连续浇筑，对模板产生的侧压力小，等到混凝土有一定强度后，再进行下一层的施工，使模板及支撑处于受力相对较小的状态，从而保证混凝土顺利浇筑。薄壁混凝土对浇筑要求高，按照定人、定岗、定位置、挂牌布料、振捣的施工方案顺利完成浇筑任务。通过使用该工法，拆模后混凝土外观满足规范要求。薄壁混凝土高墙一次成型浇筑施工程序化、管理规范化，降低劳动强度，易于保证安全。

薄壁混凝土高墙一次成型浇筑施工方案缺点：模板承受侧压力大，对模板材料及安装质量要求较高；混凝土浇筑过程中需要循环往返，且浇筑速度不能过快，施工人

员容易产生懈怠心理，需要现场管理人员严格对浇筑过程进行监控和指挥；薄壁混凝土振捣空间小，操作难度大，且宜接触模板，造成模板变形，需要合理选择振动棒的型号，按技术交底的振捣工艺进行施工。

二、经验及总结

薄壁混凝土高墙一次成型浇筑施工广泛应用在混凝土水池池壁以及工业、民用建筑的混凝土剪力墙，为钢筋混凝土剪力墙浇筑平整、密实提供了一种施工方法。本章结合工程实例，对薄壁混凝土高墙一次成型浇筑施工工艺流程、操作要点、质量保证措施和安全保证措施进行了研究。薄壁混凝土高墙一次成型既保证了施工质量，又节约了施工成本。混凝土浇筑前在底部接槎处浇筑 30～50mm 厚砂浆垫层，保证新老混凝土面接触密实；采用长条流水作业，在内模贴反光条，分段循环布料、均衡上升、控制上升高度；使用小型插入式振捣棒均匀振捣、连续浇筑一次完成的施工方法，保证薄壁混凝土高墙浇筑施工质量。

第七章

工艺管道工程

第一节 工程概况与工艺管道技术应用

一、工程概况

1. 广东石化炼化一体化项目炼油第二循环水场工程

广东石化炼化一体化项目炼油第二循环水场工程位于广东省揭阳市惠来县大南海国际石化综合工业园，合同金额6401万元，合同工期为2020年5月21日至10月30日。炼油第二循环水场工艺管道主要包括*DN*20～*DN*1800的管线，工艺管道介质有FW2（高压消防水）、FW1（低压消防水）、CWS（循环给水）、CWR（循环回水）、EWW重力（事故污水）、PTW（生活水）、IW1（低压生产水）、EWW压力（事故水转输）、RUD1（回用水）等，以及辅助管道的各种井室设施系统，设计温度为20～290℃，涉及材料主要有20号钢、Q235B、06Cr19Ni10。本循环水场要求管道内清洁、干净，在施工过程中，严格控制工艺管道内部清洁度，及时清理杂物；本循环水场工艺管道安装工艺要求高，施工中应重点把控。

2. 化工雨水收集池土建及安装工程

化工雨水收集池土建及安装工程位于广东省揭阳市惠来县大南海国际石化综合工业园，合同金额3743万元，合同工期为2020年11月25日至2021年8月30日。化工区雨水收集池工艺管道主要包括*DN*300～*DN*1500的管线，工艺管道介质主要是给排水以及辅助管道的各种井室设施系统，管径大且焊接当量大，对口、焊接难度工作量大，管道分布范围广、不集中，作业点分散，施工过程的协调难度大。

二、工艺管道技术适用范围

工艺管道技术适用于石油化工厂、炼化厂、水电站厂房、水厂等工艺管道的安装，用来输送氮气、氨气、煤气等气体，也可以输送循环水、硫酸、氨水等液体，可以适用于不同材质的工艺管道。

第二节　工艺管道施工

一、施工工艺流程

工艺管道施工工艺流程如图 7－1 所示。

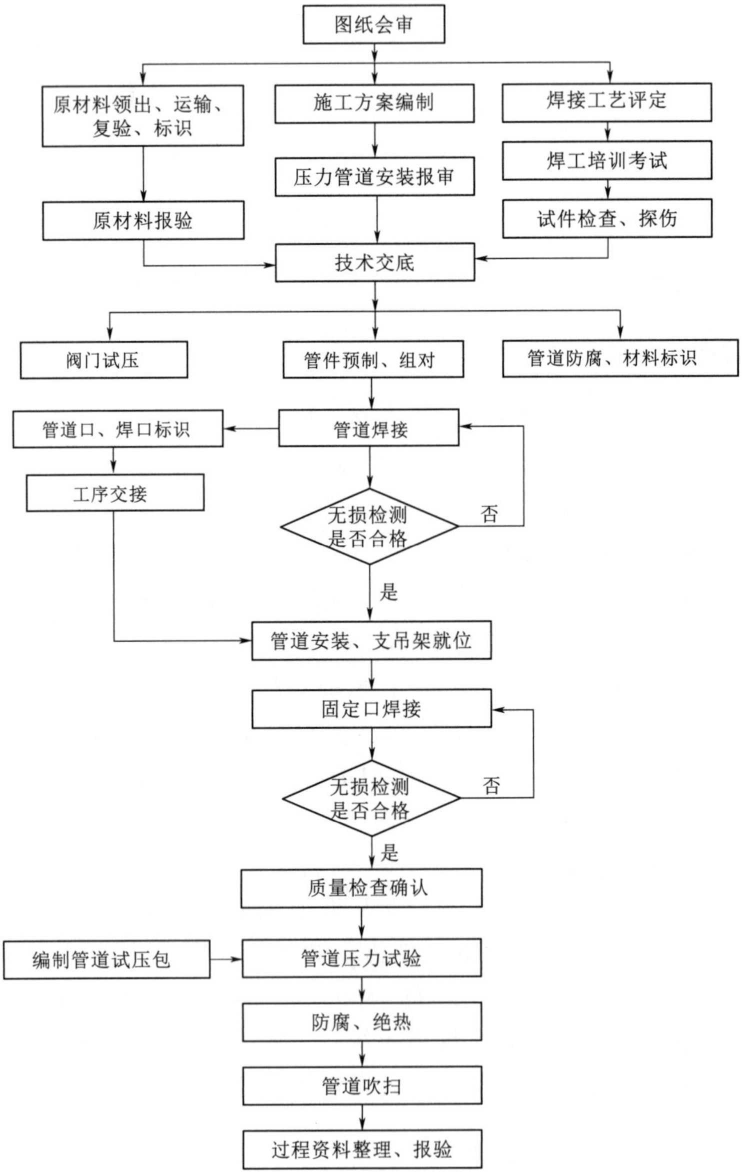

图纸会审

原材料领出、运输、复验、标识
施工方案编制
焊接工艺评定
焊工培训考试
压力管道安装报审
原材料报验
试件检查、探伤

技术交底

阀门试压
管件预制、组对
管道防腐、材料标识

管道口、焊口标识
管道焊接
工序交接
无损检测是否合格
否
是

管道安装、支吊架就位

固定口焊接
无损检测是否合格
否
是

质量检查确认
编制管道试压包
管道压力试验
防腐、绝热
管道吹扫
过程资料整理、报验

图 7－1　工艺管道施工工艺流程图

二、操作要点

（一）管道下料切割及坡口加工

本工程的工艺管线直径大，在水场内施工复杂，与设备连接困难。为提高劳动生产率，缩短安装工期，提高管线的施工产品质量，降低高空作业时间，在施工现场合适的地点设立了管线预制加工厂。厂内安装了相应数量、适当吨位的吊车、转运车辆以及切管机、坡口机、电焊器等施工机具，进行切削工艺。

在充分考虑了运输条件和吊装可能性的情况下决定了预制管长度的多少，并同时留有调整活口。在管段预先准备阶段，管段分割、现场预留口比较科学合理，而现场施工组焊的焊缝则便于施工和检测。管子在切割前必需移植原有标志，保障准确鉴定管子的材料。在采用空气-乙炔火焰加热方式加工斜面处后，必需去掉斜坡部表层的氧化皮、渣块和危害连接品质的表面层，并将凹凸不平部研磨均匀。在不锈钢管道打光机修磨时采用专用的不锈钢材质砂轮切割片，不得与碳素钢管共用。

管道开孔后，在母管和支管组对方向时均须打坡口，并留出组对安装间距。制造好的管道施工时认真进行标记，确保组对的准确性，避免同型号、同质量管段混淆，防止造成记录、现场标记的混淆。

（二）管道组对

（1）组对前，将组对焊口两端各 20mm 区域内的脏物、油痕、水分和锈斑等废弃物全部清除完毕，并呈现金属光泽。

（2）组对产品的焊接无损检测工作完成并合格，作出焊接记录。管道组对应用时，普通碳钢卡具严禁直接与不锈钢管线焊缝或直接接触，组对所用的工卡具必须加焊不锈耐酸钢垫板，或采用不锈耐酸钢板工卡具。首先确认预制管台开孔大小，打磨是否干净。焊接时，管台和管壁间不可直接坐死，需留有空隙以保证焊透，且必须用氩弧焊打底。最后用透明胶带封堵，待报验合格后施焊盖面。

（3）组对安装工作完成后，由管工人员填写管道组对记录，并及时完成焊口检查标记。焊口标识内容涵盖管线编号、材质、焊嘴序号、焊接件代号、焊接时间、检查人及日期等。焊缝标识在离焊缝 100mm 的区域内标记，有热处理要求的管线或设备焊缝，焊缝标识范围在热处理加热宽度以外。现场标识不清或损坏的标识必须及时进行补充。*DN*50mm 以下的管线，标明管线号、焊口号和焊工代号即可。焊缝标识如图 7－2 所示。

<table>
<tr><td colspan="2">管线编号或设备位号</td><td>材质/壁厚</td></tr>
<tr><td colspan="2"></td><td></td></tr>
<tr><td>焊口编号</td><td>焊工代号</td><td>焊接日期</td></tr>
<tr><td></td><td></td><td></td></tr>
<tr><td>检查人</td><td>日期</td><td>检测方法</td></tr>
<tr><td></td><td></td><td></td></tr>
</table>

图 7－2　焊缝标识示意

（4）固定口在焊口号后加“G”，承插口在表示焊口号的数字前加“S”，例如“S1”。管道上焊缝标识时的焊接口号若与轴测图不相符，加焊接嘴时则在前一个焊接口号后加“－A”，如在焊接口号三与四之间

再加一个焊接嘴时，则标识为“3—A”，加两个焊接嘴时，标识为“3—B”，而在减少焊接口时则不填。因此管工应当在轴测图的适当位置更换标识，并及时向焊缝技师反映，要求其在轴测图上作出更新说明。

（三）管道支吊架预制及安装

各类管件预制统一在预制场组对安装，法兰连接的短节在预制场统一施焊，控制好焊接变形，保证法兰连接面的平行度和同轴度。直管预制保证管线同轴，涉及高处安装的预制件与土建预留孔对接，现场确定高度和预留孔轴心。

管线支吊架在管线布置之前按照设计需用量集中加工、提前制造。管线支吊架的形状、工艺规格满足工程设计规定。管线支吊架的螺栓孔用手工电钻加工，不可以用火焰切割机加工。管子支吊架的卡环或 U 型卡，圆弧部分平滑、平整，长度与管道外径一致。对管子支吊架点焊后进行了外观检验，角焊缝饱满，过渡线圆滑，严禁有漏焊、欠焊、烧穿、咬边等问题。以保证支吊架焊道角焊缝饱满、外形横平竖直、表面无氧化铁、焊渣、金属溅落物等[10]。

制作合格的管道支吊架，喷涂防锈漆，并标识后妥善存放。对合金钢管支吊架做了适当的材质标注，并单独保存。钢管支架与金属管件安装同时施工，减少了临时支架的应用。在设备的设备口附近管线进行配管时，必须同步安装正式支吊架。不锈钢管道严禁连接临时性支撑，若需要采用临时支撑时应采用卡式构造，并垫以金属间隔层进行分隔。对不锈钢与合金钢管子上的支撑尽量避免连接，否则选用与管道高度一致的同类钢筋作为支撑连接，并禁止异种钢筋连接。在管子装配完成后，必须按照设计文件逐一审核，以确定支吊架的型式与部位。

（四）管道法兰连接

（1）管子连接时，不要用强力对口、加偏垫或多层垫等办法，来减少连接端面的裂缝、偏斜、错口以及不同心等问题。法兰连接与管道同心，并保证螺栓自由穿入。管线和设备接通时，可在自由情况下检验法兰的平行度和同轴度。与主机的联接，法兰密封面平行度与同心度见表 7 - 1。

表 7 - 1　　与机器连接法兰密封面平行度和同心度

机器旋转速度/(r/min)	平行偏差/mm	径向偏差/mm
＜3000	≤0.40	≤0.80
3000～6000	≤0.15	≤0.50
＞6000	≤0.10	≤0.20

（2）法兰螺钉接线，按照原设计文件和单轨制图料表正确应用，按材料、尺寸对号入座，不得错用混用。螺帽配套齐全，采用相同型号的紧固螺钉，安装方向也相同。螺钉联接拧紧后螺钉必须和法兰拧紧，中间不得有楔缝，当需加垫圈时，每边固定螺钉不得多于一颗，拧紧后的螺钉必须和螺纹齐平，螺栓-螺母相对紧缩为一声，螺栓拧紧步骤示意图如图 7 - 3 所示，要求从左至右顺序完成。

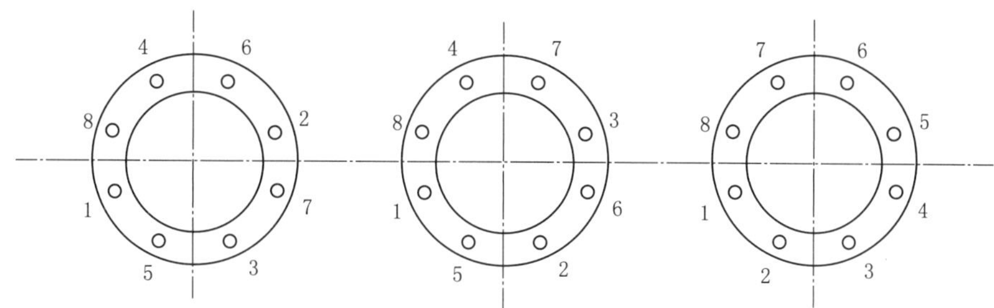

图 7-3 螺栓拧紧步骤示意图

(3) 与机器连接的管道安装。连接机械的管道装配之前，要严格清洁，尤其是机械进口管路，做到无杂质、钢锈、焊渣等杂质，在最终连接之前，用盲板将管道封闭，防止杂质流入机械内部。连接机械的管子装配时，配管在机械侧面进行装配，要安装好支架，不要使机械受到附加外力，且固定管端应离开机械。管路系统与机械法兰组相连时，在联轴节上架设百分表检测机械位移是否符合设计要求。管路装配合格后，不能承载设计以外的附加负荷。对管路系统经试压、吹扫试验合格后，对管路系统与机械组的连接进行复位检查。

(五) 阀门安装

阀门装配之前，先检测填料，其压盖螺钉上应该留有调节剩余空间；并检查其型式，按介质流动方向判断其装配方向。水平管线上的阀门，各阀柱和传动部分按工程设计规定配置。在焊缝阀门装配时，闸门不能封闭，焊缝的底部尽可能用氩弧焊。安全阀装设时，垂直放置，在调校安全阀时，开启和回座压力均应满足工程设计文件的规定，经调整后，在正常工作压力下不能有渗漏。

(六) 管道焊接

(1) 焊接方法及要求。选择了药皮电极焊、手工钨极氩弧焊、氩电联焊的连接方式以及焊接材，具体使用方式见表 7-2，具体连接材质见表 7-3。

(2) 管道焊缝位置。当 $d \geqslant 150$mm 时，直管段上两对接焊口的中心距不小于 150mm，当 $d < 150$mm 时，大于等于管子外径。环焊缝距支、吊架净距不小于 50mm。

表 7-2　　焊接方法选用表

焊接内容			管道材质	管道分项	焊接方法	表示符号
工艺管道承插焊口			20 号钢	预制、安装	钨极氩弧焊（双氩）	GTAW
工艺管道对接焊口	管道壁厚/mm	3.91～6.0	20 号钢	预制、安装	钨极氩弧焊（双氩）	GTAW
		7.11～10	20 号钢	预制、安装	氩电联焊（底＋填＋面）	GTAW＋GTAW＋SMAW
		3.91～6.0	Q235B	预制、安装	钨极氩弧焊（双氩）	GTAW
		7.11～10	Q235B	预制、安装	氩电联焊（底＋填＋面）	GTAW＋SMAW＋SMAW
		10～17.5	Q235B	预制、安装	氩电联焊（底＋填＋面）	GTAW＋SMAW＋SMAW
		2.11～2.77	06Cr19Ni10	预制、安装	钨极氩弧焊（双氩）	GTAW
工艺管道承插焊口			06Cr19Ni10	预制、安装	钨极氩弧焊（双氩）	GTAW

续表

焊接内容	管道材质	管道分项	焊接方法	表示符号
非金属管道	PVC-C	预制、安装	厂家配套胶水	—
	PP-H/PE	预制、安装	热熔	—

表 7-3　焊接材料选用表

母材材质	焊接材料				备　注
	手工钨极氩弧焊（GTAW）	手工电弧焊（SMAW）	熔化极气体保护焊（GMAW）	埋弧焊（SAW）	
20号钢、Q235B	H08Mn2SiA（CHG-56R）	E4315（J427）	—	—	—
06Cr19Ni10（TP304）	ER55-B2	E8015-B2（R307）	—	—	—
PVC-C	—	—	—	—	厂家配套胶水
PP-H/PE	—	—	—	—	热熔

（七）管道安装

对经检验合格的管路组成部件和管路支承部件予以检验，并且对预制场地的预制件予以检验。管路的开孔检验须在管路装配之前完成。充分调动现场的设施、机械等技术装备力量，在技术人员完成专业图纸会同审查的基础上，组织施工作业人员对已配管的现场实测尺寸与设计和制造尺寸完成校验，并检测管线组成部件预先准备的实际准确长度，以确保管道安装工作一次顺利。由工程建设小组依据施工管线的布置状况、现场安装设施情况等综合因素，决定管线的布置顺序。

管路布置时，在管路中央与该装置管口中心处自由对中，管路的布置、连接工作从该装置管口开始，最后布置在中间管段，以避免造成内应力使管道变形，或装置受外力，引起装置偏移或损伤装置。法兰、焊接管及其他连接件的设置应便于检修，不要紧贴墙壁、管架。管路布置工作若出现中断，及时关闭给管口。复工或安装相连的管路时，必须对前期装配的管路内部设备加以检验，而后再进行装配。架设不锈钢管路时，必须采用木棍或橡皮锤，严禁用铁制用具敲打；吊装时使用吊带，不可以用钢丝绳受力等方式吊装[11]。

安放式干支管的端部制造方法及组对焊接接头示意图如图 7-4（a）、（b）所示，插入式支管的主管端部设计以及组对焊接接头示意图如图 7-4（c）所示。根部间隙（g）则满足焊接工艺卡的规范，主管部打洞和支管组对安装时的错边数量（m）为 0.5 倍的支管名义厚度或 3.2mm 二者之间的较小值，必要时还应进行堆焊调整。

管路在动设备口一侧进行布置，并要设置管支架。而管路和阀门等的自重和附加力矩，不得作用在动设备上。压缩机的管路由于水平偏差而产生的大斜率，坡向分液槽一侧。因此管路的固定焊口，不应远离动设备。所有与主机相连的管路以及支、吊挂件在装配完成后，拆除接管上的法兰螺钉，以保证在自由状况下所有螺栓接头都能

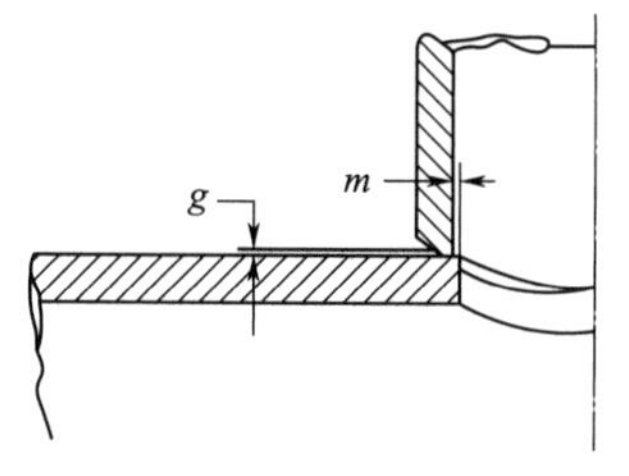

(a) 安放式干支管的端部制造方法示意

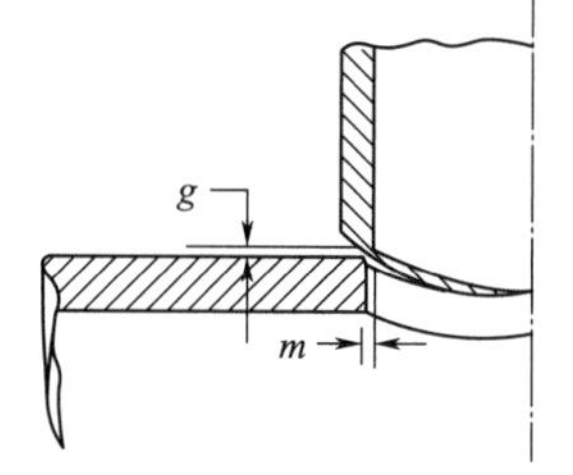

(b) 安放式干支管组对焊接接头

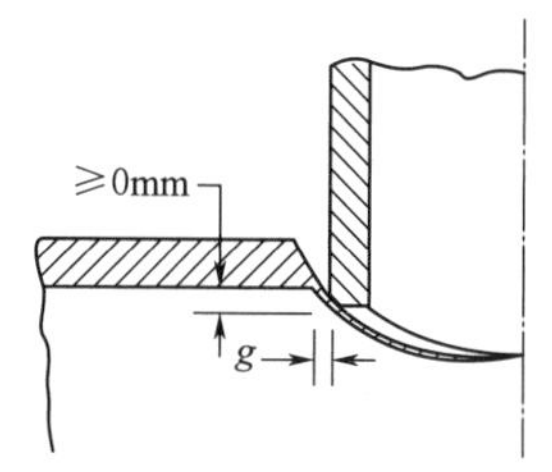

(c) 插入式支管的主管端部设计以及组对焊接接头

图 7-4　焊接连接接头示意图

正常进入螺栓的联接孔。

三、试验检验

(一) 管道试压

1. 试验介质与仪器

本设备的液压测试介质为清洁水，无压力测试。不锈钢管道中试压水的氯化物根离子浓度不能大于 25ppm。测试压力严格按照工程设计图纸上给出的测试压力进行，不再自动计量。测试系统所用的气压计必须经过严格试验，并且在试验期间的准确度不能小于 1.6 级，表盘口径也不能低于 100mm，并且气压计的量程应是最高被测压强的 1.5～2 倍。测试系统中所装的气压表必须不少于 2 块，并且气压计尽量安装在系统的最高处上，以最高点的较大压强为准。

2. 液压试验

打开管道高点排气阀向后上水，待排气阀出流后再关掉，尽量排净管内空气。充水完毕后，检查系统所有管线，确认无漏水、管道及支架无异常情况下，方能试压。

升压过程中要按分级慢慢升压，当压力升高至试验压力的 50％和 75％时，系统要停压检测，在确定并无异常现象后可继续升压。达到标准测试压力后，保持稳定约 10min 后，再将试压力降至设定压力，停压检测后，以无水压下沉、无气体泄漏、标准试验无变化者为合格。而在此稳定阶段，必须对各种焊接接头与连接处进行全方位检测，整个系统绝对不能有渗漏或泄漏。

系统水压测试完毕后应开始泄压，泄压时要慢，在泄压管缝设人员监护，并通过橡胶软管将管内存水引至业主的规定位置，严禁任意排水。待管路的最高点压力表指针为零后，开启顶部排气阀，以防止管路内产生负压。

3. 注意事项

在管路系统测试过程中，若出现泄漏，要予以减压，待去除隐患之后再予以测试，并禁止带压处置问题；系统测试电源稳压期间，由监理单位、业主、工程质量监督站等共同对试压控制系统实施检验，合格后由有关管理人员在“管道系统压力试验笔录”上签章证明；在管道系统试压结束后，再予以拆除临时的支吊挂件、盲板等。对接头

部位进行100%探伤。

（二）管线吹扫

吹扫时首先要吹总管，主管合格之后，再吹各干支管。在吹扫中同样也要将导淋、仪器引压管、分析采样管等设备予以全部吹扫，以避免系统产生死角。吹扫采取废气从各排出口不断排出的方法执行，要不断敲打管路，尤其是对焊缝和死角等部位应着重打击，但绝对不能破坏管路，直到吹扫结果及格为止。在吹扫进行时，慢慢地向管路送气，在检测排出口有压缩空气流出时，逐步增加气力或需要气体定量地予以吹扫，以避免由于闸门、盲板等不适当因素，导致系统超压或使空气压缩机的控制系统发生故障。为了使系统吹扫的工作有序地开展和不发生遗忘，按照传统吹扫方法描绘了另一种系统吹扫完成情况的工作流程图，并用彩色笔依次标出系统吹扫前的工作完成情况、吹扫已完成情况以及完成的时间，使每个从事系统吹扫工作的技术人员都能更清楚地掌握工作进展情况，并可避免对系统吹扫有遗忘的地方[12]。该图保存备查。

系统吹扫流程中，按照流程图规定完成临时复位。当吹扫完毕确保合格后，完成全设备的恢复，并准备下一工序。各段管道或系统吹扫情况是否正常，由生产工人与安装技术人员共同检验后，当目视排气清净和无杂色杂物时，在排气口用白布或涂有白铅油的靶板检查，如5min内检查其上无铁锈、尘土、水分及其他脏物和麻点即为吹扫合格。

（三）闭水试验

1. 管道闭水试验准备

管材及检测井的外表工程质量均已验收及格；管道未回填土且沟槽内无积水；全部预留孔已封堵，严禁漏水；不能有造成存水的折弯或影响水流的异物。

2. 管道满水试验

管道满水试验应符合下列规定：

(1) 当试验段水头以上游（上游指坡度的高端）检查井处设计水头加2m计，当超出上游检查井井口时，以井口高度为准。检查管段灌满水后浸泡时间不应少于24h，在不断补水保持试验水头恒定的条件下，观测时间不少于30min，然后实测渗透量。

(2) 闭水测试时，每个测试管道的长度不得超过1000m。

3. 渗水量

管道闭水试验实测渗水量为

$$q_s=\frac{W_0}{T_0L_0}$$

式中　L_0——试验管段长度，m；

T_0——实测渗水量的观测时间，min；

W_0——补水量，L；

q_s——实测渗水量，L/(min·m)。

塑料管、铸铁管闭水试验允许渗水量为

$$Q=0.0046D_i$$

式中 Q——允许渗水量，$m^3/(d\cdot km)$（d 以 24h 计）；

D_i——管道内径，mm。

四、管道防腐与成品保护

（一）管道防腐

防腐工作包括预制厂内施工和现场补口、补伤，工作量大且繁琐。工艺管道防腐蚀采用了三层 PE 防腐结构：第一层环氧粉末（FBE）层厚 120μm，第二层胶粘剂（AD）厚 170～250μm，第三层聚乙烯（PE）厚 2.7～3.7mm。三种材质融为一体，并与钢材紧密融合形成优良的防锈层。

地上部分管线防腐处理先喷砂除锈，然后喷涂环氧富锌底漆。待中间油漆干燥后，单道干膜厚度达 60μm 时，再喷涂环氧云母氧化铁中间涂料。然后进行现场预制安装，最后现场喷涂脂肪族丙烯酸聚氨酯（各色）面漆。

（二）成品保护

设置专人进行成品保存，做好成品保管教育，并做好质量工艺交底。所有预制成品在进入工地现场时，均妥善进行保存，存放场所地面要平整、清洁、干燥、坚固、排灌和通气，条件好、无污染、运输便利。按照预制品的类型、规格、型号、运输前后顺序和要求，有计划地存放，堆放均匀、完整、下垫枕木或木枋，并设置醒目的标识。同时做好对预制品的防锈、耐霉、抗污染、抗腐蚀的保护措施，叠高后堆积的预制品应加设支柱，以防止倾覆。在管线架设完成后，避免管线被其他专业的施工设备损坏。将所有管口封闭严密，防止杂物掉入堵塞管道等。

五、材料与设备

（一）材料

工艺管道安装施工材料见表 7-4。

表 7-4　　工艺管道安装施工材料统计表

序号	管线及介质	工程量/m	材质	设计压力/MPa	检查等级
1	OW（含油污水管道）	570.5	20 号钢	重力流	Ⅲ
		217.6	Q235B		
2	OW（含油污水管道）	92.5	20 号钢	压力流	Ⅲ
3	RUD1（回用水）	577.8	20 号钢	0.8	Ⅴ
4	CWR（循环水管道）	484.7	20 号钢	0.8	Ⅴ
		1250.6	Q235B		

续表

序号	管线及介质	工程量/m	材质	设计压力/MPa	检查等级
5	CWS（循环水管道）	204.8	20号钢	0.8	V
		556.6	Q235B		
		224.2	Q235B		
6	SD（生活污水管道）	113.8	20号钢	重力流	Ⅲ
		105.6	PP-H		
7	SD（生活污水管道）	89.4	20号钢	压力流	Ⅲ
8	IW1（低压生产水）	560.4	20号钢	0.8	V
9	EWW（事故水）	133.1	Q235B	0.8	V
10	PTW（生活水）	0.2	20号钢	1.0	Ⅲ
		146.2	PE		
11	MS（中压蒸汽管道）	75.8	20号钢	1.6	Ⅳ
12	PA（工厂风管道）	74.7	20号钢	1.0	V
13	CH（化学品管道）	1301.7	PVC-C	1	—
14	IA（仪表风）	0.2	20号钢	1	V
		222.7	06Cr19Ni10		

（二）材料

工艺管道安装施工所需设备见表7-5。

表7-5　　工艺管道安装施工所需设备统计表

序号	设备/机具名称	型号、规格	单　位	数　量	备　注
一	主要运输、动力、加工设备				
1	卡车	10t	辆	2	
2	吊车	50t	辆	2	
3	挖掘机	150型	台	3	
4	推土机	T140	台	2	
5	自卸汽车	25t	辆	3	
二	主要防护设备				
1	气体检测仪	—	台	1	
2	干粉灭火器	8kg	个	15	
3	安全带		副	40	
三	主要检测工具				
1	经纬仪	JS-2	台	1	
2	水准仪	DS-3	台	1	
3	全站仪	300B	台	1	

续表

序号	设备/机具名称	型号、规格	单 位	数 量	备 注
4	钢卷尺	5m	把	30	
5	钢卷尺	50m	把	2	
6	钢板尺	300mm	把	5	
7	角尺	900	把	20	
8	水平尺	2mm/1000mm	把	15	
四	其他设备、机具、工具				
1	逆变电焊机	ZX7－400	台	20	
2	砂轮切割机	ϕ400mm	台	1	
3	电源开关箱	10A	台	10	
4	焊条烘干箱	500℃	台	1	
5	恒温箱	101－4	台	1	
6	千斤顶	5t	台	2	
7	角向磨光机	ϕ100mm	台	20	
8	角向磨光机	ϕ150mm	台	20	
9	手动葫芦	10t	台	10	
10	手动葫芦	5t	台	10	
11	手动葫芦	2t	台	15	
12	蛙式夯机	HW－20	台	4	
13	振动夯实机	HZ－400	台	2	
14	抽水机	—	台	30	用于基坑或管沟抽水
15	管道高压试压泵	SY－350	台	1	用于管道试压
16	管道多级泵	*DN*40～60	台	2	用于管道试压

六、质量控制

(1) 焊工、无损检测及热处理人员必须持有与自己从事的工作相应的证件，并在有效期内。

(2) 严格执行工序报检制度，加大质量监督检查力度。对不锈钢管道焊接关键工序进行监控，加强过程控制。

(3) 管道预制时严格按单线图进行，预制好的管线标明管道编号、焊道编号、焊工号及探伤编号等。

(4) 施工队设兼职质检员，协同质检员对施工的各环节进行监督检查，上道工序不合格不允许进行下道工序的施工。

(5) 管道在预制、运输、安装过程中应严格控制管道内的清洁度，并指定专人进行管理。

(6) 严格执行项目部所编制的工程产品保护施工技术措施，尤其要保证高压管道密封面的密封性和管道内部的清洁度。

(7) 高压管道的支吊架严格按照设计要求进行安装，确保型式正确。

(8) 为保证焊接质量，管径大于 $DN50$ 消防管道采用氩电联焊，$DN50$ 及其以下的管道全部采用氩弧焊进行焊接。

(9) 焊接完毕的管道及时进行外观检查，表面质量合格后方可进行无损检测。对不合格的焊道要进行返修处理，并按原规定进行检查。

(10) 焊接过程质量控制点。焊接工程质量控制点汇总见表 7-6。

表 7-6　　焊接工程质量控制点汇总表

序号	控制点	控制内容	级别	验收人
1	施工方案/技术措施审查	施工技术质量措施，质量控制点设置；施工标准规范、施工消防、工序；人力、机具安排	A	总包、监理、业主
2	焊工资格审查	焊工、质量检查人员资格	A	总包、监理、业主
3	焊接材料验收	焊接材料包装和外观、合格证、质量证明书	B	总包、监理
4	焊接材料保管、烘烤、发放	焊材库条件、烘干、发放记录	B	总包、监理
5	焊接施工环境	温湿度、风力、雨天、防护措施	B	总包、监理
6	焊接接头准备	下料尺寸，对口间隙及错边量、焊缝处母材打磨、坡口角度及形式	C	专业工程师
7	焊接过程	焊接消防参数、焊口标识	C	专业工程师
8	焊缝外观检查	焊缝外观及表面检查	C	专业工程师
9	焊缝无损检测	检验方法、比例、部位、评定标准、合格标准	A	总包、监理、业主
10	工序	自检	D	施工班组
11	交工验收	焊接过程的技术资料、质量评定资料审查	A	总包、监理、业主

第三节　工艺管道施工技术总结

一、工艺管道技术的优缺点

1. 工艺管道技术的优点

(1) 提前预制管道并组对焊接，节约工艺管道现场安装时间，控制管线变向，轴心偏差，减小焊接变形，集中管理动火作业。

（2）合理规划布置管线及根据需用量集中加工、提前制造管道支吊架，提高工作效率，减少交叉作业引起的窝工。

（3）根据管道材质、连接方式、作用选取适用的施工方案，施工程序化、管理规范化，降低劳动强度，易于确保质量、保证安全。

（4）管道提前预制能够很好地解决土建复杂结构部位管道安装、管道交叉碰撞、受限空间作业等条件下的施工，能控制法兰结合面不受焊接变形的影响，确保设备连接精度，减少现场交叉左右占用的时间，能解决各类管件现场拼装焊接难度大的问题，减少现场安装安全隐患，确保施工质量。

2. 工艺管道技术的缺点

方案及现场施工需要很专业的技术及施工人员，特别是根据方案结合现场和施工单线图的梳理，单线图多且复杂，不同材料对应不同的焊接工艺要求，很容易用错焊条，从而达不到设计要求，对于现场施工的部署没有阐述，缺少有利的施工分析。

二、工艺管道技术经验

（1）工艺管道安装工艺比较复杂，工序较多，其安装的安全性和可靠性对整体工程的质量和安全有着直接的关系。所以要求技术人员和安装人员在日常工作中重视工艺管道的安装及维护。为进一步提高工艺管道安装质量以及安全性能，结合广东石化炼化一体化项目炼油第二循环水场工艺管道现场工程实际情况，介绍了工艺管道的材料选择、施工工艺、管道防腐、试验检验，指出了工艺管道在施工、管理、试验检验中应注意的一些问题。

（2）在工艺管道开始安装前要做好施工准备，包括现场准备和技术准备。在管道安装过程中，安装参数要遵循施工规范，结合现场实际情况，对工艺管道的安装顺序合理进行规划安排，并绘制工艺管道线路规划布置图，使管道施工相互之间不受影响，管道连接时按规范要求处理好。通过循环水场工艺管道施工的工程实例，详细介绍工艺管道从施工工艺到试验检验的技术过程，从而保证工艺管道的密闭性以及可靠性。

（3）工艺管路装置中涉及的施工工艺与技术问题较多，其安全直接关系到炼油第二循环水场的正常运转，也对整个主装置区的顺利运行起着至关重要的影响，因此，在安装过程中，重点对重要施工工艺的质量和安全进行有效的控制，并且认真地执行了相关管道操作规程规范。在管道安装过程中，也提高了管道安装人员的质量和安全意识以及技术素质。随着中国科技的迅速发展，工艺管道的材料越来越多，施工技术也在不断进步和革新，在施工时进行了综合分析，不断探索管道安装的新技术、新方法，进一步提高了管道安装质量。

（4）质量控制方面：工艺管道施工，控制点都是正常把控的点，一般以管中心线来控制。其焊接工艺中都是常规焊接，甚至焊接变形量都涉及不到。只是管件及对接设备比较多，官网密集了点而已。把控情况：

1）焊材质量控制是源头，需要设立单独的焊材库进行严格管控、烘烤、发放。

2）现场焊接质量把控好组对错边量、表面、无气孔、夹渣、咬边、焊口号标注等特别要做好相关检测试验。

3）根据单线图查施工管线焊接是否连续、遗漏、错接等情况。

4）焊接前是否抛光打磨、焊接后是否按要求防腐。

5）管线与设备连接后，设备方向是否正确，螺栓是否拧紧等。

第八章
装饰装修工程

第一节 装饰装修工程概况

一、工程简述

广东石化炼化一体化项目部承建房屋类工程包含厂前区综合宿舍楼、厂前区生产管理楼、炼油第二循环水场加药间、炼油第二循环水场机柜室、芳烃联合装置变配电室、芳烃联合装置机柜室等工程。

其中厂前区综合宿舍楼及生产管理楼属于非住宅类公共建筑，炼油第二循环机柜室、芳烃联合装置配电室、机柜室属于生产配套类建筑物，炼油第二循环水场加药间属于仓储类建筑物。各建筑物根据使用功效及特点不同，装饰装修设计方面也有很大差异。其中宿舍楼和生产办公楼经常有人员活动，侧重于居住类建筑类型的装饰装修。变配电室及机柜室作为生产电力系统的配套建筑物，机柜等精密电器原件对于防静电要求、温度控制、无尘环境的要求比较高。加药间作为仓储类的建筑物，侧重于地面及墙面防腐的要求比较高。

二、装饰装修工程分项内容

（一）综合宿舍楼及生产办公楼

综合宿舍楼及生产办公楼涉及装饰装修分项：整体面层地面、板块面层地面、抹灰工程、金属门窗安装工程、吊顶工程、饰面砖粘贴工程、玻璃幕墙安装工程、水性涂料涂饰工程、护栏及扶手制作及安装细部构造工程。

（二）变配电室及机柜室

变配电室及机柜室涉及装饰装修分项：整体面层地面、板块面层地面、抹灰工程、金属门窗安装工程、吊顶工程、饰面砖粘贴工程、水性涂料涂饰工程。

（三）加药间

加药间涉及装饰装修分项：整体面层地面、抹灰工程、金属门窗安装工程、水性

涂料涂饰工程、溶剂型涂料涂饰工程。

三、施工特点、重点及难点

（一）装饰装修工程特点

本工程所属建筑物属于化工厂建设配套设施工程，综合石油化工建设“短、平、快”的建设特点，对整个工程的工期控制、工序交叉、工程材料的调配都有比较严格的要求。

（1）工期建设方面：本工程所建设的所有房屋类建筑物都是为整个工厂的投产运行所服务，机柜室、变配电站需要在各装置中交调试之前达到授电条件。加药间根据现场设备的试运行，相关药剂也会逐步进场，所以此类建筑物都需要在整个工厂联调联试之前具备投用条件，相比较设备类构筑物，工期紧张，需要进行科学合理的规划。

（2）工序交叉方面：作为公用工程类房屋建筑，整个建筑物的装饰装修要与消防工程、电气工程、暖通工程交叉施工。

（3）工程材料方面：装饰装修施工材料随着市场经济的高速发展，各种新型替代材料不断出现，施工之前需要对工程材料进行充分调查研究，清晰掌握施工建材的特点，了解施工工艺，为新型材料的投用做好充足准备。

（二）装饰装修工程重点及难点

装饰装修工程作为建筑物交工之前最后的施工工序，整个施工过程需要跟业主使用单位保持良好的沟通，各类材料的选用按照设计要求，均需业主方确定。综合整个工程的建设特点，对于装饰装修工程的重点及难点总结如下：

（1）设计变更，装饰装修工程因其复杂烦琐的工序条件，在施工过程中，本着实用、美观的宗旨，部分细部做法根据业主要求，需要做各类设计变更。

（2）工序交叉施工，因部分工程属于隐蔽工程施工，在吊顶工程、地面工程等装饰装修工序施工前，其他工序需提前完成，避免造成后期的返工。

（3）工程材料进场，装饰装修的施工材料繁杂多样，涂料涂饰的材料不仅有保质期的要求，而且对保存条件有一定的外部环境要求，所以在材料进场的时候就需要合理规划材料进场的顺序及时间。现场做好材料的储存保障工作。

第二节 装饰装修施工方案及方法

一、施工准备

（一）现场准备

1. 施工临时设施的准备

在装饰装修施工之前，需要在建筑物外侧搭设卸料平台，保证主要材料的顺畅运输。水泥、石棉板等需要防雨的材料需建设专门的库房保存。砂浆搅拌机设置位置根据现场实际情况确定，搭设防护棚。做好防雨及防潮措施。现场道路及主要机械站位根据现场实际情况合理规划，确保道路畅通及吊装作业范围安全可控。施工配电箱暂定按照 $50m^2$/个的密度设置，后续可根据现场实际情况再选择增加，用电设置专业电工一日一检，并做好检查记录，确保施工用电的安全。

2. 工程材料和设备的检查、验收与保管

（1）施工单位所提供的材料和工程设备进场时需会同监理进行检验和交货验收，施工单位根据进场材料和工程设备的供货人、品种、规格、数量如实填写“材料进场检查及取样验收记录”。提供材料的合格证、出厂检验报告和产品质量证明等文件，满足合同约定的质量标准，经监理检验同意后方可进场。

（2）工程材料和设备进场后，施工单位要立即通知实验室在监理见证下进行材料的抽样检验和工程设备的检验测试，监理认为有必要时可按合同规定进行随机抽样检验。

（3）工程材料和设备经实验室检验和测试合格后，施工单位将试验和测试结果报送监理，经监理批准后，该批材料和设备方可使用。

（4）材料保管保养。

1）根据库存材料的性能和特点进行合理储存和保管，做到保质、保量、保安全。

2）合理码放。对不同品种、规格、质量、等级的材料都分开，按先后顺序码放，以便先进先出。

3）材料码放要整齐，怕潮湿物品要上盖下垫，注意防火、防潮、防湿，易燃材料要单独存放，所有材料要明码标识，搞好库区环境卫生，经常保持清洁。

4）对于温湿度要求高的材料，做好温度、湿度的调节控制工作，高温季节要防暑降温；梅雨季节要防潮、防霉；寒冷季节要防冻保温。

5）要经常检查、随时掌握和发现材料的变质情况，并积极采取补救措施。

6）对机械设备、配件定期进行涂油或密封处理，避免因油脂干脱造成性能受到影响。

（5）定期盘库，达到三清。

1）定期盘库清点，达到数量清、质量清、账表清。

2）清理半成品、在产品和产成品，做到半成品的再利用。

3）制定成品、半成品的管理制度。

4）成品商品需有专职人员管理和发放，发放时需办理领用手续。

5）半成品材料要妥善保管，以便再利用。

6）对已经领出待用的原材料，也应由专人保管，以免发生丢失、混料及浪费现象。

（二）技术准备

（1）认真熟悉施工图纸及相应的施工规范、标准图集。

（2）由项目技术负责人组织编制装修阶段施工组织设计、专项施工方案以及技术

工作计划；针对工程实际情况，对施工班组进行技术交底。

（3）材料部门按照生产计划、材料计划、加工订货计划，根据工程实际进度，提早落实各种材料的货源，并根据工程进度计划确定需用日期，同时做好各种材料的进场复试工作，不合格的坚决退场。

（4）制定新技术、新材料、新工艺、新设备等科技成果应用计划，针对技术难题和质量通病开展合理化建议和技术革新。

二、抹灰工程

（一）施工工序

抹灰工程的施工工序为：基层处理→浇水湿润墙面→吊垂直找方、找规矩→抹底层、中层灰→抹面层灰→清理养护。

（二）抹灰工程的一般规定

（1）抹灰工程的等级应符合设计要求，所采用的砂浆品种应按设计要求进行配合比设计。

（2）水泥、石灰拌制的砂浆应控制在初凝前用完。

（3）抹灰用的石灰膏的熟化时间，常温下一般不少于15d；用于罩面时不应少于30d。使用时，石灰膏内不得含有未熟化的颗粒或其他杂质。

（4）抹灰工程应分层操作，即分为底层、中层和面层。

（5）抹灰的工艺流程一般按照“先室外后室内”“先上面后下面”的原则进行。

（6）在室内墙面、柱面和门窗洞口的阳角，宜用1∶2水泥砂浆做护角线，其高度不低于2m，每侧宽度不小于50mm。

（7）在外墙窗台、窗楣、雨篷、阳台，压顶和突出腰线等，上面应做流水坡度，下面应做滴水线或滴水槽。滴水槽的深度和宽度均不应小于10mm，并整齐一致。

（8）水泥砂浆的抹灰层应在湿润的条件下养护。

（9）抹灰用砂宜用中砂，且应过筛，不宜用细砂。

（10）为了防止雨水溅射，使污垢散播在外墙面，这样外墙面完成抹灰后应及时拆除平桥板或将外平桥板部位的墙面加以遮护。

（三）内墙的一般抹灰

1. 抹灰基层的处理

砖墙面滞留的干涸砂浆、杂质应清除干净，并洒水湿润，光滑的梁柱混凝土面应凿毛或甩浆处理，凹凸不平的部位应凿平或用1∶2的水泥砂浆补齐。

2. 找规矩

为了保证墙面抹灰垂直平整，达到理想的装饰目的，抹灰前必须按以下方法找规矩。

（1）做标志块：先用托线板全面检查墙体表面的垂直度及平整度，根据检查的实际情况并兼顾抹灰的厚度规定，决定墙面抹灰厚度，接着在2m左右高度，距离墙面

两边阴角 10～20cm 处，用砂浆各做一个标志块，厚度为抹灰层厚度（一般 10～15mm）。以这两个标志块为依据，用托线板靠、吊垂直，确定墙下部对应的两个标志块厚度，使上下两个标志块在一条垂直线上。标志块做好后，再在标志块附近墙面钉上钉子，栓上小线拉水平通线（小线要离开标志块 1mm），然后按间距 1.2～1.5m 左右加做若干个标志块。凡窗口、垛角处均须做标志块。

（2）标筋（冲筋）：在上下两块标志块之间先抹出一条长梯形灰埂，宽度约 50cm 左右，厚度与标志块相同，作为墙面抹底子灰的标准，做法是在两个标志块中间先抹成灰条，凸成“八”字样，比标志块突出 5mm 左右，然后用灰尺紧贴灰条左右上下来回搓，直至把标筋搓到与标志块平齐为止，同时要用工程检测尺检查标筋的垂直度和平整度，并做修整。最后把标筋的两边用刮尺修成斜面，使其与抹灰层接槎顺平。

（3）阴阳角找方：阴阳角两边都要弹基线，为了方便和保证阴阳角方正、垂直，必须在阴阳角两边都做标志块和冲筋，在做标志块和冲筋阶段，控制阴阳角在允许偏差范围内。

（4）柱面、门窗洞做护角：门洞口护角做法是以墙面标志块为依据，首先要将阳角用方尺规方，靠门框一边，以门框图离墙壁面的空隙为准，另一边以标志块厚度为据，然后分层抹 1∶2 水泥砂浆，待护角的棱角稍干时，用阳角抹子和水泥浆捋出小圆角，然后用靠尺沿角留出 50mm，将多余的砂浆以 40°斜面切掉，灰底及时清理干净。柱面的护角做法与此类同，窗口可不做护角，但必须方正一致，棱角分明，平整光滑。

3. 底层和中层抹灰

底层和中层抹灰在标志块、标筋及门窗口做好护角后即可进行。方法是将砂浆抹于墙面两标筋之间，底层要低于标筋，待收水后再进行中层抹灰，其厚度以垫平标筋为准，略高标筋；然后用靠尺按标筋刮平，局部凹陷处应补抹砂浆，然后再刮，直到全部平直为止，紧接着用木抹子搓磨一遍，使表面平整密实。

抹底灰的时间要掌握好，不宜过早也不要过迟。一般情况下，但要注意，如果筋软，则容易将标筋刮坏产生凸凹现象，亦不宜在标筋有强度时再抹底灰，如这样待墙面砂浆收缩后，会出现标筋高于墙面的现象，由此会产生抹灰不平等质量通病。

4. 面层抹灰

面层抹灰应在中层灰五至六成干时进行，如中层较干时，须洒水后再进行。操作时，先用铁抹子抹灰，再用刮尺由下向上刮平，然后用木抹子搓平，最后用铁抹子压光成活。

（四）外墙的一般抹灰

外墙抹灰的操作工艺同内墙基本一样，但因外墙面由屋顶到地面，抹灰面积大，门窗、腰线等看面横平竖直，而抹灰操作则必须一步一架往下抹，因此外墙抹灰找规矩要在四个墙角先挂好自上至下的垂直通线，然后根据大致决定的抹灰厚度，每步架大角两侧弹上控制线，再拉下水平线，并弹好水平线做标志块，然后做标筋，抹灰。

女儿墙下檐四周做 10mm 高的滴水线。一般抹灰工程质量标准见表 8-1。

表 8-1　一般抹灰工程质量标准

项　目	允许偏差/mm		
	普　通	中　级	高　级
立面垂直		5	3
表面平整	5	4	2
阴阳角垂直		4	2
阴阳角方正		4	2
分格条（缝）平直		3	

三、建筑地面工程

（一）水泥砂浆地面

（1）施工工艺流程：基层清理→设立标高线及标高点→水泥砂浆一道（内掺建筑胶）→20mm 厚 1∶2.5 水泥砂浆→养护。

（2）基层清理：基层表面不得有蜂窝、孔洞、缝隙等缺陷，使表面干净，无油污，坚实，干燥、平整，无起砂。

（3）设立标高线及标高点：在周围垂直构件上弹线放置水平标高线，然后再以 3～5m^2 左右设置一个标高点。房间长度或宽度不小于 6m，设置分格缝一道，分格缝由建筑油膏和麻丝填充。

（4）水泥砂浆一道（内掺建筑胶）：水泥、砂和 108 胶按 1∶1∶0.5 满涂基层一遍，不得漏涂，增强表面的黏合力。

（5）及时浇筑 20mm 厚 1∶2.5 水泥砂浆，整平，压实。原浆压光，在水泥砂浆初凝后用铁抹子压第一次，在水泥砂浆终凝前再压一次，施工要点是掌握好抹压的时间。抹压完成后不得有麻面，细小孔隙和裂纹。

（6）水泥砂浆终凝后及时进行养护，硅酸盐水泥不少于 14d，其他水泥不少于 7d。

（二）彩色自流平地面

（1）施工工艺流程：基层处理→设立标高线及标高点→涂抹表面处理剂→上料→刮平→放气消泡→浇水养护→抛光打磨。

（2）搅拌水泥：在大桶中将水泥自流平按 1∶2 的比例加水，分两次进行搅拌，第一次搅拌 5～7min，然后停顿 2min 让其发生反应，之后再搅拌 3min。搅拌要彻底，不可有块状或干粉出现，搅拌好的自流平应在 0.5h 之内使用。

（3）刮平：将搅拌好的水泥直接倒在地上，还需要用带齿的刮刀或靠尺刮开，根据要求的厚度耙到不同大小的面积，施工时要特别注意水泥自流平搭接处的平整。

（4）放气消泡处理：刮过的水泥，待其自然流平后，要用消泡滚筒在上面纵横滚动，进行放气消泡处理（在浆体凝固前规定的时间内做消泡处理，超过规定时间不可再在其表面做摊托动作）。

（5）浇水养护：施工完 2～3h 后要对地面进行浇水养护 2～3 遍，干燥凝固后表面呈亚光效果。根据现场不同的温度、湿度和通风情况，水泥自流平需 8～24h 后方能彻底干透，干透前不可进行下一步施工。

（6）打磨抛光：水泥自流平地面彻底干燥成型后，要根据使用效果的要求，用专用打磨机进行打磨抛光，需要亮光效果的要上蜡水 2～3 遍，要亚光的则不用上蜡水。

（7）成品保护：

1）使用警示带维护防止踏入。

2）养护时间 2h 后可上人行走，24h 后可开放轻型物体碾压，7d 后可完全开放。

（三）地砖地面

（1）施工工艺流程：清扫整理基层地面→水泥砂浆找平→定标高、弹线→安装标准块→选料→浸润→铺贴→灌缝→清洁→养护交工。

（2）材料选用。

1）地面砖的品种、规格、质量应符合设计和施工规范要求。

2）水泥采用强度等级 32.5 以上的普通硅酸盐水泥。还应准备适量擦缝用的水泥。

3）砂采用中砂或粗砂。

4）地面砖进场后堆放在室内，侧立堆放，底下应加垫木方。并详细核对品种、规格、数量、质量等是否符合设计要求，有裂纹、缺棱掉角的不得使用。

（3）施工准备。

1）室内抹灰、水电设备管线等均已完成。

2）房内四周墙上弹好距离地面以上 50cm 的水平线。

3）施工前放出铺设地面的施工大样图。

4）熟悉图纸，以施工图和加工单为依据，熟悉了解各部位尺寸和做法，弄清洞口、边角等部位之间关系。

5）试拼：在正式铺设前，对每一房间的板块应按图案、颜色、纹理试拼。试拼后按两个方向编号排列，然后按编号码放整齐。

6）弹线：在房间的主要部位弹出互相垂直的控制十字线，用以检查和控制地面砖的位置，十字线可以弹在混凝土垫层上，并引至墙面底部。

7）试排：在房内的两个相互垂直的方向，铺两条干砂，其宽度大于板块，厚度不小于 3cm。根据图纸要求把地面砖排好，以便检查板块之间的缝隙，核对板块与墙面、柱、洞口等的相对位置。

（4）基层自理：在铺砌板材之前将混凝土垫层清扫干净（包括试排用的干砂及大理石块），然后洒水湿润，扫一遍素水泥浆。

（5）铺砂浆：根据水平线，定出地面找平层厚度，拉十字线，铺找平层水泥砂浆（找平层一般采用 1∶3 的干硬性水泥砂浆，干硬程度以手捏成团不松散为宜）。砂浆从里往门口处摊铺，铺好后刮大杠、拍实，用抹子找平，其厚度适当高出根据水平线定的找平层厚度。

(6) 铺贴地面砖：一般房间应先里后外进行铺设，即先从远离门口的一边开始，按照试拼编号，依次铺砌，逐步退至门口。铺前将板块预先浸湿阴干后备用，在铺好的干硬性水泥砂浆上先试铺合适后，翻开石板，在水泥砂浆上浇一层 6mm 厚建筑胶水泥砂浆黏结层，然后正式镶铺。安放时四角同时往下落，用橡皮锤或木锤轻击木垫板（不得用木锤直接敲击地面砖），根据水平线用水平尺找平，铺完第一块向两侧和后退方向顺序镶铺，如发现空隙应将地砖掀起用砂浆补实再行安装。

(7) 擦缝：砖铺贴 24h 内，根据各类砖面层的要求，分别进行擦缝，勾缝或压缝的工作。缝的深度为砖的 1/3，擦缝和勾缝应采用同品种、同强度等级、同颜色的水泥。同时应随做随即清理面层的水泥，并做好砖面层的养护和保护工作。

(8) 质量标准。

1) 地面砖的品种、规格、质量必须符合设计要求，面层与基层的结合（黏结）必须牢固、无空鼓。

2) 地板砖表面洁净，图案清晰，平整光滑，色泽一致，接缝均匀，周边顺直，板块无裂纹、掉角和缺楞等现象。

3) 地漏坡度符合设计要求，不倒泛水，无积水，与地漏结合处严密牢固，无渗漏。

4) 踢脚线表面洁净，接缝平整均匀，高度一致；结合牢固，出墙厚度适宜，基本一致。镶边用料及尺寸符合设计要求和施工规范规定，边角整齐、光滑。地面砖工程质量标准见表 8-2。

表 8-2　地面类别砖工程质量标准

项　目	类　别	允许偏差/mm
表面平整度	缸砖	4.0
	水泥花砖	3.0
	陶瓷锦砖、陶瓷地砖	2.0
缝格平直	各类地面砖	3.0
接缝高低差	陶瓷锦砖、陶瓷地砖、水泥花砖	0.5
	缸砖	1.5
踢脚线上口平直	陶瓷锦砖、陶瓷地砖、水泥花砖	3.0
	缸砖	4.0
板块间隙宽度	各类地面砖	2.0

(四) 防静电地板地面

1. 施工工艺流程

防静电地板地面的施工工艺流程为：准备工作→确认图纸→选定始点→选定水平基准点→常规敷设→切割收边→水平调整→质量自检→申报验收。

2. 准备工作

测量建筑物面积，确认与蓝图相符。若不符合，则勿施工，并立即与业主或承建

商商量，说明不符合处，进行改正。

确认楼面所有区域高度变化，以利地板之铺设。可用施工水平仪，经纬仪或激光水平仪测试。同时确认现有固定构物如柱子、门槛等的数量、位置及地面到顶面的高度化。升降机或地板必须配合某些区域之特点，决定特殊方法，以保证地板与基座之安装，使地板有确定适合当之平面。在现场条件不能使地板水平安装且不能配合所有结构要求时，不要贸然施工，以免施工后影响工程品质。

3. 建立起始点

根据经纬仪测试结果，在用墨斗线划出两条垂直基准线，以决定地板铺设起始位置。在收边位置，所需切割之地板不得少于 15cm，另沿垂直地线按 600mm×1200mm 分派基座。

4. 装设基座

以激光水平仪为基准，校准基座水平，以确保在 3m 范围内其完成高度水平误差不得超越±1.5mm，且整层楼面不得超±2.5mm，然后装设基座与压铸铝头。

5. 装设架空地板

(1) 防静电地板具备导电功能是由于每块防静电地板的四边侧面均采用黑色导电边条，板与板之间连接要平直，不得卷曲变形，也不得间断。铺设地板时板边的导电边条可直接接触在金属网格上，金属网格与接地端子连接。导电胶的配置方法为：将炭黑和胶水应按 1∶100 质量比配置，并搅拌均匀。配置好的导电胶应分别刷在地面、已铺贴的导电铜箔上面，涂覆应均匀、全面，涂覆后自然晾干。

(2) 铺贴面板。待涂有脱水的地面晾干至不粘手时，应立即开始铺贴。铺贴时应将贴面板的两直角边对准基准线，铺贴迅速快捷。板与板之间应留有 1～2mm 缝隙，缝隙宽度应保持基本一致。用橡胶锤均匀敲打板面，边铺贴边检查，确保粘贴牢固。地面边缘处应用非标准尺寸贴面板铺贴补齐，非标准尺寸贴面板由标准尺寸贴面板用割刀切割而成，切割后，地板的毛刺应去尽，以免人员在工作时因踏过切割处而受伤。

防静电地板构成如图 8-1 所示，防静电地板与钢架连接如图 8-2 所示。

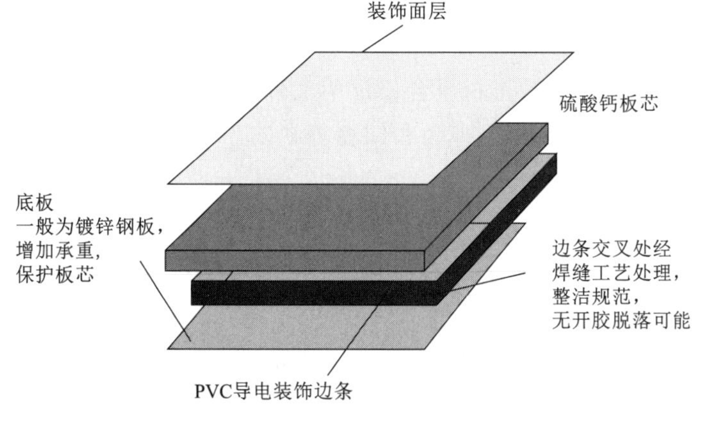

图 8-1 防静电地板构成

图 8-2 防静电地板与钢架的连接

6. 切割周边地板

(1) 在装设地板时，可用专门收边支架支撑周边需切割的收边地板。

(2) 每一种收边地板在地板与墙壁、柱子或其他端面处切割时，地板必须先测量好，使得切割好的地板能符合且紧密结合在墙面之外廓线，墙面和切割好的地板之间的间隙不大于 1.5mm，地板需不规则切割以配合柱子或圆管时，必须精确测量，以保证地板与圆弧面的配合。同时，确认所有的切割地板都必须与基座固定（如有需要可多用额外的基座）且保持水平、平整和排列整齐。

7. 地板收口

(1) 安装固定可调支架和行条，首先要检查复核原室内四周墙面上弹划出的标高控制线，按选定的铺设方向和顺序确定铺设基准点，然后按基层已弹好和标出的位置在方格网交点处安放可调支座，架上横梁转动支座螺杆，先用小线和水平尺调整支座面高度至全室等高，待所有钢支柱和横梁构成框架一体后，应用水平仪抄平，钢支柱底座与底层面之间的空隙应灌注环氧树脂连接牢固。

(2) 铺设活动地板面层，首先检查活动地板面层下铺设的电缆、管线，确保无误后才能铺设活动地板面层。如有不是整块地板需切割则切割的地板与柱子之间切口整齐。地板支架按原地板支架配置数量置放，确保地板安装牢固并达到承载要求。地板与墙柱位置的收口根据现场情况需用密封胶填补。

8. 质量标准

(1) 主控项目。

1）面层材质：由面层提供单位负责，必须符合设计要求，且应具有耐磨、防潮、阻燃、耐污染、耐老化等特点。

检验方法：观察检查和检查材质合格证明文件及检测报告。

2）架空地板面层应无裂纹、掉角和缺楞等缺陷。行走无声响、无摆动。

检验方法：观察和脚踩检查。

(2) 一般项目。

1）架空地板面层应排列整齐、表面洁净、色泽一致、接缝均匀、周边顺直。

检验方法：观察检查。

2）架空地板面层的允许偏差应当符合《建筑地面工程施工质量验收标准》(GB 50209—2010) 的有关规定，详见表 8-3。

检验方法：应按表 8-3 中的检验方法检验。

表 8-3 架空地板面层的允许偏差和检验方法

项目	允许偏差/mm	检验方法
表面平整度	2.0	用 2m 靠尺和楔形塞尺检查
缝格平直	2.5	拉 5m 线和用钢尺检查
接缝高低差	0.4	用钢尺和楔形塞尺检查
踢脚线上口平直	3.0	拉 5m 线和用钢尺检查
板块间隙宽度	0.5	用钢尺检查

（五）耐酸碱地面

1. 施工工艺流程

准备工作→基底打磨、吸尘处理→底涂施工→中涂施工→轻微打磨清理→环氧面涂施工→现场清理→质量自检→申报验收。

2. 施工准备工作

（1）施工材料准备。环氧平涂地坪拟采用双组分耐酸碱环氧树脂薄涂地面材料进行施工。环氧平涂地坪是由环氧树脂固化反应后形成的坚硬而致密的一体化地坪。涂料固化后分子间结合紧密无孔隙，形成一种高强度、耐磨损、耐腐蚀、耐酸、耐碱、耐化学药品、耐辗压、洁净、防尘、美观的工业地坪，具有无污染、无毒、表面平整光亮等特点。其性能指标为：抗压强度不小于 130MPa、弯曲强度不小于 230MPa、拉伸强度不小于 100MPa、耐冲击性不大于 0.200MPa，耐 60%硫酸、耐 31%盐酸、耐 10%硝酸、耐 10%醋酸、耐 10%氢氧化钠、耐 5%氢氟酸、耐氨水。

（2）施工条件准备。

1）劳动力准备：根据施工进度计划要求、现场作业条件，组织安排施工人员，满足环氧地板施工的需要。

2）机具的准备：环氧地板施工机具较多，用途各不相同，为保证施工质量，根据不同的工艺操作方法，做好配套工具的准备。

3）技术准备：认真阅读工程设计意图要求，对施工人员进行技术交底，注意施工质量的关键点，对照施工验收规范，结合企业标准，检验要求具体，可操作性强，确保施工正常进行。

4）施工条件：基层表面必须平整、坚固、密实，条件设施装备完毕，墙体装饰完成，有良好的照明条件。另外基面含水率应低于 6%，基面强度应在 C20 以上，结构层应加防潮层，施工厚土严格按照图纸。

3. 施工工艺

耐磨耐酸碱环氧树脂地坪采用二底二批三面的结构方式。具体来说就是，二层封闭底漆；一层环氧砂浆批平、一层腻子批补；二层彩色面漆和一层重防腐面漆。

（1）铺设底漆：环氧树脂与固化剂按 4∶1 的比例调配好作为底漆，用滚涂的方法

把底漆均匀地涂在地面上做成底层。底漆的作用在于封闭地表的毛细孔，增强地面与漆层的接着力。根据地面的实际情况，必要的时候可以多过一两遍。

（2）机械抹平环氧砂浆中间层：环氧树脂与固化剂按 3∶1 的比例调和均匀，再加入 20～100 目的石英粉调成环氧树脂石英砂浆，铺砂机摊平，用环氧树脂砂浆专用抹平机进行压平处理，机械施工。

（3）腻子批补：环氧树脂与固化剂按 3∶1 的比例调匀，再加入 300 目的石英粉调成环氧腻子，在中间层之上全面批覆 1～2 遍，以补平砂孔。待表面干燥后用砂纸打磨机打磨，为面漆的涂布做准备。

（4）自流平彩色面漆镘涂：环氧树脂与固化剂按 6∶1 的比例调配均匀后，用专用镘刀镘涂做自流平面漆。

（5）环氧改性重防腐面漆喷涂：环氧树脂与固化剂按 2∶1 的比例调配均匀后，加入特殊的重防腐涂料，用无气高压喷涂机均匀喷涂一遍。

（6）特殊处理与控制：为了得到均匀一致的面层颜色，彩色面漆中必须加入细度满足要求的分散剂。特面漆重防腐的配方满足地坪防腐要求。经过反复的试验，通过特殊的重防腐涂料的用量和面漆层厚度的控制其防腐的程度。

以上施工工艺搭接必须紧凑，在保证上一道工艺的情况下，方能进行下一道工序。同时注意成品的保护工作，在油漆未干时禁止人员入内及避免灰尘落到地面上。完工之后的重防腐环氧树脂地坪具有硬度高、无接缝、清洗方便、耐腐蚀、耐机油等特点，完全能够满足业主在使用上的要求。同时由于附着力强及耐磨耐压性好，因此在耐久性等方面也有着优秀的表现。此种地坪的表面可根据业主要求进行亚光或亮光处理，满足不同房间的功能要求。由于是薄涂型的环氧地坪，除了滚涂均匀外，加入的溶剂量也必须严格控制，才能在得到较薄涂层的同时满足耐磨、抗压和抗渗透的使用要求；为了得到均匀一致的面层颜色，彩色面漆中必须加入细度满足要求的分散剂。这些都是控制工程质量的重点。

4. 施工工艺要点

（1）基面打磨、吸尘处理：用砂磨机对各个楼层进行砂磨处理，然后进行吸尘，并检查地面硬度和证实没有浮尘。对基面进行整体打磨、吸尘。一定要把基面上的油污及浮尘等脏物清除干净，并彻底做好吸尘工作，以便环氧树脂层与基面完全结合。

（2）底涂施工：基层表面完全清除干净，再用底涂滚刷。底涂硬化时间为：温度15℃以上 6～8h。底涂硬化后，可进行另一阶段施工。底涂处理的好坏直接影响基层同环氧树脂层的黏合性能。底涂是使专用环氧树脂渗入基层最深处，形成一层强度很高的复合机构层，是保证环氧树脂地板最重要的环节。

（3）中涂施工：将环氧中涂涂料与环氧腻子按施工要求配比搅拌后用刀均匀的批刮在已处理好的层面上，每次施工间隔时间约 12h，中涂层施工完成约 16h 后才能进行下一道工序的施工。

(4) 轻微打磨清理：中涂层完全固化后，用砂轮磨机对中涂层进行轻微打磨处理并用吸尘器吸净灰尘。

(5) 环氧面涂施工：用专用滚筒滚涂面涂材料，要求平整、光洁、颜色均匀一致，不允许存在空鼓、分层等现象。

(6) 施工中一定要避免因手工作业引发的弊病如气泡、刀痕等。

(7) 工程施工前，必须将需要保护的成品用美纹纸粘贴防护完好。施工时，配料区应铺垫一定范围的纸皮和塑料膜，避免配料时污染周围基面；施工完毕后，应及时清理干净。

(8) 工程完工后，要及时对现场进行清理，将施工所用的胶带、报纸、纸皮等废弃物处理干净，保证施工现场干净、整洁，做到工完场清。

四、门窗安装施工

(一) 材料要求

(1) 室内门、铝合金门窗等的规格、型号应符合设计要求，五金配件配套齐全，并具有出厂合格证、材质检验报告书并加盖厂家印章。

(2) 防腐材料、填缝材料、密封材料、防锈漆、水泥、砂、连接板等应符合设计要求和有关标准的规定。

(3) 进场前应对各类门进行验收检查，不合格的不准进场。运到现场的应分型号、规格堆放整齐、并存放在指定仓库内。搬运时轻拿轻放，严禁扔摔。

(4) 门窗立面均表示洞口尺寸，门窗加工尺寸要按照装修面厚度由承包商予以调整。

(5) 门窗立樘：外门窗立樘详见墙身结点图，内门窗立樘除图中另有注明者外，立樘位置为居中设置。

(6) 防火墙和公共走廊上疏散用的平开防火门应设闭门器，双扇平开防火门安装闭门器和顺序器，长开防火门须安装信号控制关闭和反馈装置；防火墙上的防火门为木制甲级防火门，均设闭门器。

(二) 普通门窗安装

1. 工艺流程

普通门窗安装工艺流程为：划线定位→安装→防腐处理→安装就位→固定→门窗框与墙体间隙的处理→安装五金配件。

2. 安装工艺要点

1) 门的水平位置应以楼层室内地面以上 500mm 的水平线为准，弹线找直。

2) 门应根据设计图纸中的安装位置、尺寸和标高进行安装。安装时，对个别不直的口边应做剔凿处理。

3) 防腐处理：门框四周外表面及所用的连接件、固定件等金属零件选用不锈钢的，否则必须进行防腐处理，涂刷防腐涂料进行保护。

4）安装就位：根据划好的门定位线，安装门框，并及时调整好门框的水平、垂直及对角线长度等符合质量标准，然后用木楔临时固定。

5）固定：采用金属膨胀螺栓将门窗的铁脚固定到墙上。

6）门窗框与墙体间隙的处理：门框安装固定后，应先进行隐蔽工程验收，合格后及时按设计要求处理门框与墙体间的空隙。采用弹性保温材料分层填塞缝隙，外表面留 5～8mm 深槽口填嵌密封胶。

7）安装五金配件：五金配件与门用镀锌螺丝连接。五金配件应结实牢固、使用灵活。门窗安装的允许偏差和检验方法见表 8-4。

表 8-4　　门窗安装的允许偏差和检验方法

项　目		允许偏差/mm	检验方法
门窗槽口的宽度、高度	≤1500mm	2	用钢尺检查
	>1500mm	2	
门窗槽口对角线长度差	≤2000mm	3	用钢尺检查
	>2000mm	4	
门窗框的正、侧面垂直度			用垂直检查尺检查
门窗框的水平度		2	用 1m 水平尺和塞尺检查
门窗横框标高		5	用钢尺检查
门窗竖向偏离中心		5	用钢尺检查

（三）防火门窗安装

1. 工艺流程

防火门窗安装工艺流程为：进场门框、扇修整→划门位置及标高线→运门框、扇→立门框→木楔临时固定→按水平线符合安装标高，按中线复合安装位置→焊接堵洞→养护→装门扇及五金配件→（刷油漆）→验收。

2. 施工注意事项

（1）防火门选用揭阳市消防局认证的产品，必须有出厂合格证、耐火检查报告及相关资料。

（2）把好进场成品验收关，对加工尺寸偏差过大、翘曲变形超标、焊接质量不合格（防火门、塑钢门窗均需焊接）产品坚决予以退场。

（3）由于本工程门窗洞口均选用定型模板，洞口尺寸较容易得到保证，因此门窗框尺寸较洞口尺寸缩小量定为 24mm，以减少抹灰量。四防门为成品门，无需刷漆，现场存储、运输及安装过程中注意成品保护，焊接时不要烧坏门面烤漆。

（4）门窗框临时稳定完毕不得急于加固，必须认真检查有无窜角、翘曲后方可加固。

（5）门扇五金安装需选用熟练工人操作，以防因五金安装问题导致门扇反弹、接缝不匀等问题的出现。

（6）外门窗灌注发泡聚苯保温材料时不得用力过猛以防引起门窗变形。

五、吊顶工程

（一）施工准备工作

1. 原材料及半成品要求

（1）龙骨：主龙骨是轻钢吊顶龙骨体系中的主要受力构件，整个吊顶的荷载通过主龙骨传给吊杆。主龙骨的受力模型为承受均布荷载的连续梁。故主龙骨必需满足强度和刚度的要求。本工程横撑采用 C 型轻钢覆面横撑龙骨，规格为 CB50mm×20mm 或 CB60mm×27mm。主龙骨采用 T 型轻钢横撑龙骨，规格为 TB24mm×28mm，间距 600mm。次龙骨（中、小龙骨）的主要作用是固定饰面板。中、小龙骨多数是构造龙骨，其间距由饰面板尺寸决定。本工程中的次龙骨采用 T 型轻钢次龙骨，规格为 TB24mm×38mm，间距不大于 600mm。

（2）铝扣板规格尺寸：592mm×592mm×11mm。

（3）零配件：吊杆（ϕ8mm）、吊挂件、连接件、挂插件、花篮螺丝、自攻钉等。

（4）主要机具包括电锯、手锯、手刨子、钳子、螺丝刀、板子、方尺、钢尺、钢水平尺等。

2. 作业条件

（1）顶棚内的各种管线及设备已安装完毕并通过验收。确定好灯位、通风口及各种明露孔口位置。

（2）各种吊顶材料，尤其是各种零配件经过进场验收，各种材料人员配套齐全。

（3）龙骨排版图设计经甲方确认，并张贴于样板间门口。

（二）施工工艺

1. 工艺流程

吊顶工程的工艺流程为：弹线→固定吊杆→安装与调平龙骨→安装饰面板→细部调整与处理。

2. 工艺要点

（1）弹线：用水准仪在房间内每个墙（柱）角上抄出水平点（若墙体较长，中间也适当抄几个点），弹出水准线（水准线距地面一般 1000mm）。从水准线量至吊顶设计高度加上 20mm（两层铝扣板的厚度），用粉线沿墙（柱）弹出水准线，即为吊顶次龙骨的下皮线。同时，按吊顶平面图，在混凝土顶板弹出吊顶龙骨安装位置。主龙骨距墙边距离为 250～300mm，主龙骨与主龙骨间距为 800～900mm。标出吊杆的固定点，吊杆的固定点间距为 800～900mm。如遇到梁和管道固定点大于设计和规程要求，应增加吊杆的固定点。

（2）固定吊杆：采用膨胀螺栓固定吊杆挂件，采用 ϕ8mm 的吊杆。吊杆攻丝与内膨胀螺栓连接，吊杆方向错开，避免主龙骨向一边倾倒。遇有吊杆预定位置有风管或其他障碍物，在风管和障碍物两侧增设 2 根 ϕ8mm 吊杆。

（3）安装与调平龙骨：

1）装边龙骨。边龙骨的安装应按设计要求弹线，沿墙（柱）上的水平龙骨线把T型镀锌轻钢条用自攻螺丝固定在墙边木销上（木销需做防腐处理）间距应不大于吊顶次龙骨的间距。

2）安装主龙骨。主龙骨应吊挂在吊杆上，主龙骨间距800～900mm。主龙骨为T型轻钢横撑龙骨，规格为TB24mm×28mm。主龙骨应平行房间长向安装。主龙骨的悬臂段不大于300mm，否则应增加吊杆。主龙骨的接长应采用对接，相邻的对接接头要相互错开。主龙骨挂好后应基本调平。

3）安装次龙骨。次龙骨应紧贴主龙骨安装。次龙骨间距300mm。安装次龙骨时应避开灯具、风口等需开孔安装物的位置。

4）校正。龙骨安装完成，检查校平，起拱高度更具跨度控制；调平后紧锁主吊挂的螺母。

（4）安装饰面板：应先从饰面板的中间开始安装，依次向四周。饰面板安装的允许偏差和检验方法见表8-5。

表8-5　　饰面板安装的允许偏差和检验方法

项　目	允许偏差/mm	检 验 方 法
表面平整度	3.0	用2m靠尺和塞尺检查
接缝直线度	3.0	用2m靠尺和塞尺检查
接缝高低差	0.5	用钢尺和塞尺检查

（5）细部调整与处理：

1）安装烟感器和喷淋头。施工中应注意水管预留必须到位，既不可伸出吊顶面，也不能留短；烟感器及喷淋头旁800mm范围内不得设置任何遮挡物。

2）龙骨吊筋在转角、灯槽边300mm范围内必须布置一道，以防龙骨变形下垂。

（三）质量验收

1. 主控项目

（1）吊顶标高、尺寸、起拱和造型应符合设计要求。

检验方法：观察；尺量检查。

（2）饰面材料的材质、品种、规格、图案和颜色应符合设计要求。

检验方法：观察；检查产品合格证书、性能检测报告、进场验收记录和复检报告。

（3）吊顶工程的吊杆、龙骨和饰面材料的安装必须牢固。

检验方法：观察；手板检查；检查隐蔽工程验收记录和施工记录。

（4）吊顶、龙骨的材质、规格、安装间距及连接方式应符合设计要求。金属吊杆、龙骨应经过表面防腐处理。

检验方法：观察；尺量检查；检查产品合格证书、性能检测报告、进场验收记录和隐蔽工程验收记录。

（5）铝扣板的接缝应按其施工工艺标准进行板缝防裂处理。安装双层铝扣板时，

面层板与基层板的接缝应错开，并不得在同一根龙骨上接缝。

检验方法：观察。

2. 一般项目

（1）饰面材料表面应洁净、色泽一致，不得有翘曲、裂缝及缺损。压条应平直、宽窄一致。

检验方法：观察；尺量检查。

（2）饰面板上的灯具、烟感器、喷淋头、风口篦子等设备的位置应合理、美观，与饰面板的交接应吻合、严密。

轻钢龙骨饰面板顶棚允许偏差和检验方法见表 8－6。

表 8－6　　轻钢龙骨饰面板顶棚允许偏差和检验方法

项类	项　目	允许偏差/mm	检验方法
龙骨	龙骨间距	2	尺量检查
	龙骨平直	3	拉 5m 线，用钢直尺检查
	起拱高度	±10	拉线，尺量检查
	龙骨四周水平	±5	拉通线或用水平仪检查
压条	压条平直	3	拉 5m 线，用钢直尺检查
	压条间距	2	尺量检查

六、饰面砖粘贴工程

（一）施工准备工作

1. 原材料准备工作

（1）饰面砖根据设计图纸要求，按照建筑物各部位的具体做法和工程量，挑选出颜色一致、同规格的瓷片，分类堆放并妥善保存。

（2）饰面砖根据使用批次及部位，提前浸水湿润。

（3）饰面砖材料进场需提供相关合格证，检测报告等质量证明文件。

2. 作业条件

（1）脚手架提前支搭好，选用双排架子，其横竖杆及拉杆等应距离门窗口角 150～200mm。架子的步高要符合施工要求。

（2）墙面底层砂浆粉刷完毕并完成养护。

（3）墙面施工之前确认墙面需埋设电气管路及相关预埋件已经施工完成。

（二）施工工艺

1. 工艺流程

饰面砖粘贴占工程的工艺流程为：基层处理→弹线分格→排砖→浸砖→镶贴面砖→面砖勾缝与擦缝。

2. 工艺要点

（1）基层处理：墙面砖施工之前要对原有抹灰墙面进行湿润清理，清除墙面上灰尘及抹灰时产生的浮浆等。

（2）弹线分格：待基层清理完成后，按设计图纸要求及外墙面砖排列方式进行分段分格排布、弹线。弹线分格注意一致对称，如遇到门窗或阴角等部位，用整砖切割吻合，不得用斗块砖随意拼凑镶贴。

（3）排砖：饰面砖镶贴前应先选砖预排，以使拼缝均匀。在同一墙面上的横竖排列，不宜有一行以上的非整砖。非整砖行应排在次要部位或阴角处。饰面砖的镶贴形式和接缝宽度应符合设计要求。

（4）浸砖：墙面砖镶贴前应将砖的背面清理干净，并浸水 2h 以上，待表面晾干后方可使用。

（5）镶贴面砖：镶贴应自上而下进行。高层建筑采取措施后，可分段进行，在粘贴每段或分块内面砖，均为自下而上镶贴。从最下一层面砖下皮的位置线先稳好靠尺，以此托住第一皮面砖，然后在面砖外皮上口拉水平通线，作为镶贴的标准线。粘贴面砖时，在面砖的背面满铺黏结砂浆（1∶0.2∶2 白水泥混合砂浆），砂浆厚度 6～10mm。粘贴后用木抹轻拍，使用靠尺调整平面和垂直度。

（6）面砖勾缝、擦缝：用 1∶1 水泥砂浆勾缝，应先勾水平缝再勾竖缝。勾缝要凹进面砖外表 3mm 的，应用白水泥配颜料进行擦缝。面砖处理完后，用破布或棉纱蘸稀盐酸擦洗表面，并用清水冲洗干净。

（三）质量验收

（1）检查数量：室外，以 4m 左右高为一检查层，每 20m 长抽查一处（每处 3 延米），但不少于 3 处；室内，按有代表性的自然间抽查 10%，过道按 10 延米。

（2）检查所用材料品种、面色的颜色及花纹等是否符合设计要求。

（3）饰面砖镶贴牢固，无歪斜、缺楞、掉角和裂缝等缺陷。

（4）接缝填嵌密实、平直，宽窄一致，颜色一致，阴阳角处压向正确，非整砖的使用部位适宜。饰面砖（墙砖）工程允许偏差和检验方法见表 8－7。

表 8－7　　饰面砖（墙砖）工程允许偏差和检验方法

项　目	允许偏差/mm		检　验　方　法
	外墙面砖	内墙面砖	
立面垂直度	3.0	2.0	用 2m 垂直检测尺检查
表面平整度	4.0	3.0	用 2m 靠尺和塞尺检查
阳角方正	3.0	3.0	用直角检测尺检查
接缝直线度	3.0	2.0	拉 5m 线，用钢直尺检查
接缝高低差	1.0	0.5	用钢直尺和塞尺检查
接缝宽度	1.0	1.0	用钢直尺检查

七、水溶性涂料涂饰工程

（一）内墙与顶棚涂料

1. 施工工艺流程

内墙与顶棚涂饰工艺流程为：基层处理→刷底漆→刮腻子、打磨→刷第一遍底涂

料→刷第二遍面层涂料→刷第三遍面层涂料。

2. 工艺要点

（1）基层处理：对结构施工时，外露混凝土面的铁丝或钢筋头应打磨至墙或棚内，并做防锈处理。刮腻子前，将墙或棚面起皮、松动或疏松处清除干净，并用聚合物水泥砂浆补抹，将残留灰渣铲干净，然后将顶面扫净。

（2）大面积刮腻子前，应对阴阳角部位先做顺直处理。采用墨斗弹墙面平整度控制线，将立面腻子刮平后，再弹顶棚平整度控制线。

（3）刷底漆：在批刮腻子前，墙面、顶棚基层应做抗碱封闭底漆工艺施工，用刷子顺序刷涂不得遗漏。

（4）刮腻子、打磨：刮腻子遍数可由墙面平整程度决定，一般情况为3遍。第一遍用胶皮刮板横满刮，一刮板紧接着一刮板，接头不利留槎，每一刮板最后收头要干净利落。干燥后磨砂纸，将浮腻子及斑迹磨光，再将顶面清扫干净。第二遍找补阴阳角及坑凹处，令阴阳角顺直，用胶皮刮板横向满刮，所用材料及方法同第一遍刮腻子，干燥后用砂纸磨平并清扫干净。第三遍用胶皮刮板找补腻子或用钢片刮板满刮腻子，墙面刮平刮光，干燥后用细砂纸磨平磨光，不得遗漏或将腻子磨穿，并清扫干净。

（5）刷第一遍底涂料：先将顶面清扫干净，用布将顶面粉尘擦掉。刷底涂料前应将涂料搅拌均匀。干燥后补腻子，再干燥后，用砂纸磨光，清扫干净。

（6）刷第二遍面层涂料：操作要求同第一遍底涂料。涂料使用前应充分搅拌，涂膜干燥后，用细砂纸将墙面小疙瘩和排笔毛打掉，磨光滑后清扫干净。

（7）刷第三遍面层涂料：做法同第二遍面层涂料。由于涂膜干燥较快，应连续迅速操作，施工时从一头开始，逐渐刷向另一头。要上下顺刷互相衔接，后一排紧接前一排，避免出现干燥后接头。

（二）外墙涂料

1. 施工工艺流程

外墙涂饰工艺流程为：基层处理→刮腻子（两遍）→涂饰底涂料→涂饰面层涂料→涂饰第二遍面层涂料→清理。

2. 工艺要点

（1）基层处理：基层需清洁、无污垢、无油脂、干燥，需将疏松的涂层或空鼓铲去，重新批灰处理。

1）平整度检查。用2m靠尺仔细检查墙面的平整度，将明显的凹凸部分标出。

2）点补。将孔洞或明显的部分预先用水泥砂浆点补。

3）砂磨。用砂纸将明显影响夹带度的突出部分打磨至符合平整度要求。

4）除尘。用刮刀和砂纸、毛刷清除墙面浮松的黏附颗粒及杂物。

（2）批嵌腻子：

1）高强度外墙弹性腻子。白色，单组分粗腻子，直接兑水使用。

2）施工配比。找平腻子粉：清水＝3：1，调配时需用电动搅拌均匀，无颗粒状。

3）视基面平整度而定，一般批嵌 2～3 遍。

4）调配好的腻子须在 3h 内用完，已固化的浆料不能再使用。

5）养护。腻子层批嵌表干后，须洒水 3～4 次养护干燥 1～2d。

6）打磨。腻子层完全干燥变白后即可打磨、除灰尘。

（3）分格缝（线条）的处理：

1）线条设计。依据主体工程设计分格缝的位置、尺寸及分格缝的间距。

2）分格缝的定位。根据设计要求用水平尺在所设计线条位置进行线条的定位，并根据其间距标准确立若干定位点。

3）分格缝的划线。根据确定的分格缝的定位进行水平和垂直划线。

4）分格缝的切割处理。根据确定的分格缝划线用专用的工具切割成设计要求的标准线槽，线槽一般为半圆弧，可用大小合适塑料圆管辅助完成。

5）线槽的打磨处理。尽可能做到表面光滑平直。

6）批嵌外墙弹性腻子并打磨平滑。

（4）外墙抗碱封闭底漆：

1）施工配比：底漆：稀释剂＝10：1，混合时应搅拌均匀，配好的料应在 5h 内用完，以免胶化。

2）使用专用喷枪（口径压缩气压机 4～5kg/m^2 以上）喷涂施工，交叉喷匀达到完全封闭腻子层为准，一般 1～2 遍即可。

3）底漆干透后，用 600 目砂纸进行研磨磨光表面黏附的灰尘及异物。

（5）合成树脂弹性外墙涂料：

1）采用滚涂法施工。

2）待下一层涂料实干后（常温条件下 24h）才能施工上一层涂料。

（三）质量验收

（1）所有装饰材料必须符合《民用建筑工程室内环境污染控制规范》（GB 50325—2010）的要求，检查产品厂家提供的有关检测证书，不能提供相关检测数据或检测不符合要求的产品禁止使用。

（2）墙面光滑，无接痕、刮痕、起皮、粉末等现象。

（3）阴阳角、门窗孔周边、预留孔洞周边的腻子施工尤为重要；门窗侧面立框、上部必须宽窄一致，且与门窗垂直；预留孔洞侧面宽窄一致；所有阴阳角用铝合金靠尺检查，偏差不得超过允许值。阳角上端不得出现“鹰嘴”，下端不得“蹬腿”。实测实量满足横竖斜向搭尺的要求。水溶性涂料涂饰工程允许偏差和检验方法见表 8－8。

表 8-8　　水溶性涂料涂饰工程允许偏差和检验方法

项　目	允许偏差/mm（观感效果）	检验方法
表面平整度	2	用 2m 靠尺及塞尺检查
表面垂直度	2	用 2m 垂直检查尺检查
阴阳角方正	2	用直角检查尺检查
腻子表面颜色	均匀一致	目测检查
透底、流坠、皱皮	大面无、小面明显处无	目测检查
光亮和光滑	光亮和光滑均匀一	手感和目测检查

八、玻璃幕墙安装工程

（一）施工准备工作

1. 设计准备

为做到既保证质量又缩短工期，首先做好下列各项设计准备工作。

（1）选料设计：合同签订完成，根据本工程的设计要求及风荷载的要求，对本工程的铝板、钢材、铝型材、结构胶、耐候胶等主要材料以及主要的五金配件，按业主已确定产地、生产厂家及主要价格，并向公司工程生产管理部门下达订料清单。

（2）施工零件图设计：施工零件图是加工工人必须遵守的工艺规范，加工工人必须严格按照零件图规定的工艺要求进行操作，这是确保加工安装质量的重要手段。

2. 技术准备

（1）由设计与技术部门会同业主、方案设计等单位认真进行图纸会审，主要解决以下几个方面的工作。

1）建筑与幕墙安装间相互位置与结构尺寸的矛盾。

2）图纸与实际施工可行性的矛盾。

3）对施工工艺的要求：根据审核、签认的图纸制订生产计划、排产表、材料清单、玻璃清单、配件清单及订货清单，以便供应。供应部门组织货源，按时供应原材料。

（2）现场技术培训：组织现场施工人员进行安全、技术培训，现场解答施工图纸中的重点、难点，讲解施工过程中各环节的施工方法及注意事项。

（3）现场技术交底：由该项目部的项目经理、技术负责人分级向施工员、质检员及现场施工人员进行技术交底，使之明白设计意图、工程控制难点及施工过程中的主要工艺控制。

3. 材料准备

（1）所有用于本工程的材料，其来源确保为国家正规厂家，并保证所用材料质量优良，符合相关国家规范及行业标准。同时按相应的材料标准和试验要求进行材料性能试验和质量检验，不合格材料或未经批准的材料绝不使用。

（2）保证所有用于本工程的材料均通过监理工程师验收合格后方可使用。

（3）所有运到工地的材料，确保有出厂说明书（标有厂名、材料名称、规格、出厂日期和批号，产品合格证或材质保证书），及时对达到现场材料进行报验，需要做进场复检的材料在总包、监理的见证下取样送检。

（4）所有运至工地的材料，确保按相关国家规范要求进行抽样检验。

（二）施工工艺

1. 施工工艺流程

玻璃幕墙安装工程施工工艺流程为：预埋件安装→测量放线定位→骨架安装→幕墙饰面板安装→密封处理。

2. 施工工艺要点

（1）预埋件安装：

1）施工前，首先要对管理和安装人员进行技术和质量交底及安全规范教育。

2）根据土建提供轴线，设计标高控制点，按预埋件图进行安装。

3）幕墙与主体结构连接的预埋件，应在主体结构施工时按设计要一致。在放置埋件之前，应按幕墙安装基线校核预埋件的准确位置，预埋件应牢固固定在预定位置上，并将锚固钢筋与主体构件主钢筋，用铁丝绑扎牢固或焊接固定，防止预埋件在浇筑混凝土时位置变动。施工时预埋件锚固钢筋周围的混凝土必须密实振捣，混凝土拆模后，应及时将预埋件钢板表面上的砂浆清除干净。

（2）测量放线定位：

1）测量放线。根据幕墙分格大样图和土建单位给出的标高控制点及轴线位置，采用重锤钢丝线、经纬仪及水平仪等测量工具在主体结构上测出幕墙平面、竖框、分格及转角基准线，并用经纬仪进行调校、复测。

应与主体结构测量放线相配合，水平标高要逐层从地面引上，以免误差累积，误差大于规定的允许偏差时，包括垂直度偏差值，应经监理、设计人员的同意后，适当调整幕墙的轴线，使其符合幕墙的构造需要。

对高层建筑的测量应在风力不大于四级的情况下进行。

质量检验人员应及时对测量放线情况进行检查，并将其查验情况填入记录表中。在测量放线的同时，应对预埋件的偏差进行检验，其上、下、左、右偏差值不应超过±20mm，超差的埋件必须进行适当处理，后方可进行安装施工，实施前应得到监理、业主、设计单位的确认。

2）放线定位。放线工作应根据土建图纸提供的中心线及标高点进行。因为幕墙设计，一般是以建筑物的轴线为依据的，幕墙的布置应与轴线取得一定的关系。所以应首先弄清建筑物的轴线。对于所有的标高控制点，均应进行复校。

以一个平整立面为单元，从单元的顶层两侧竖框锚固点附近，定出主体结构与竖框之间的适当间距，上下或适当距离（约 30m）各设置一根悬挑铁桩作为铅垂铁丝固定点。根据工程的施工高度立面复杂程度选用激光铅垂仪或线锤吊垂线法，找同一立面的垂直度，调整合格后，各拴一根铁丝绷紧，定出立面单元两侧立柱外完成面。各

层设置悬挑铁桩，并在铁桩上按垂线找出各楼层垂直点。

各层设置铁桩时，应在同一水平面。然后，在各楼层两侧悬挑铁桩所刻垂直线上，拴铁丝绷紧。

（3）骨架安装：

1）立柱料安装。立柱安装前应按零件图进行加工，防腐垫片、连接件等用不锈钢螺栓与立柱连接，然后将连接件与支座连接，固定时尽量采用对称焊接控制应力变形，如果焊接后发生变形超过规范规定时，应校正后才能进行下步工序。

立柱接头安装时必须保证在一个水平面上，铝合金立柱料安装后必须进行严格的垂直度质量检查，等检查合格后将铁角码及立柱料固定螺栓介子焊接固定，焊缝长度应符合设计及技术交底要求，去除氧化皮，检查质量后进行防腐处理。

2）横料安装。当立柱料安装完后并检验合格，安装横料，横料两端的连接件通过柔性垫片用不锈钢螺栓与立柱连接，横料安装完后，必须进行严格质量检查、校正合格后才能转入下步工序。

（4）幕墙饰面板安装：安装前应先撕掉骨架上的保护胶纸并进行必要的清洁。对组件进行品种、规格的检查，特别是镀膜面的保护膜应加以保护，竣工后再全部揭去。

安装组件应先在竖向分格上通好线，将组件放在横梁上，用不锈钢螺丝将压码临时固定并进行拼缝的检查和适当的调整。

用于固定玻璃框的勾块、压块应严格按设计要求执行。严禁少装或不装紧固螺钉，特别是要控制好压块的距离，第一个压块距玻璃角不大于150mm。

（5）密封处理：密封胶必须严格按产品使用说明和规范执行，施工前应对施工区域进行清洁，应保证缝内无水、油渍、铁锈、水泥砂浆、灰尘等杂物；可用异丙醇、甲乙酮对玻璃缝进行清洁。并在缝两侧贴上防护纸，以防止胶污染饰面。

施工时，应校对每一条胶的品种、批号及有效期进行检查，应符合设计及规范要求。放入泡沫条，并控制好其深度，遇到压码位时应用小刀挖除部分泡沫条。使得泡沫条过渡顺畅，保证胶体的厚度。

耐候胶的施工厚度应大于3.5mm，填完胶用刮刀刮平后立即将保护纸带除去。刮胶表面应平整、光滑，十字交叉处应过渡平滑、严密，不得出现气泡、起鼓的现象。

幕墙安装完后，应从上到下用中性清洁剂对幕墙表面及外露构件进行清洗，清洗玻璃和铝合金件的中性清洁剂，清洗前应进行腐蚀性检验，证明对铝合金和玻璃面的腐蚀，特别是镀膜面。

（三）质量验收

1. 幕墙支座连接质量验收

（1）主控项目：

1）预埋件（后埋件）及连接件形状应符合设计要求。

检验方法：观察，检查隐蔽工程验收记录及进场验收记录。

2）预埋件（后埋件）的位置连接方式防腐处理应符合设计要求。

检验方法：观察，检查隐蔽工程验收记录。

3）各种连接件坚固件的螺栓应有防松动措施。

检验方法：观察，检查隐蔽工程验收记录和施工记录。

4）焊接连接应符合设计及有关规定。

检验方法：观察，检查隐蔽工程验收记录和施工记录。

5）使用的材料、构件质量应符合设计及有关规定要求。

检验方法：检查材料、构件、产品合格证书，进场验收记录及材料的复验报告。

6）防雷装置必须与主体结构的防雷体系可靠连接。

检验方法：观察，检查隐蔽工程验收记录和施工记录。

7）后埋件固定螺栓的承载力应满足设计要求。

检验方法：查检测报告和施工记录。

（2）一般项目允许偏差和检验方法见表8-9。

表8-9　　幕墙支座连接一般项目允许偏差和检验方法

项　目	允许偏差/mm	检验方法
预埋件（后埋件）标高偏差	±10	用钢尺和水平仪检查
预埋件（后埋件）位置与设计位置偏差	±20	用钢尺和水平仪检查

2. 幕墙骨架质量验收

（1）主控项目：

1）工程所使用的各种材料、构件的质量应符合设计要求及国家现行产品标准和工程技术规范的规定。

检验方法：检查材料、构件的产品合格证书，进场验收记录，性能检测报告。

2）防雷装置与预（后）埋件应连接符合设计要求并主体防雷系统可靠连接。

检验方法：观察，检查隐蔽工程验收记录和接地电阻检测记录。

3）幕墙的物理性能试验报告应符合设计及规范要求。

检验方法：检查检测报告和施工图。

4）立柱与连接件的连接应采用两个以上不锈钢螺栓，连接件与立柱间应采取防腐隔离措施。

检验方法：观察，检查隐蔽工程进场验收记录。

5）幕墙玻璃所用结构胶与其相接触的材料应相容并黏结。

检验方法：检查检测报告、打胶记录。

6）明框幕墙预留定位垫块数量、长度、宽度、厚度应符合设计及规范要求。

检验方法：观察，检查施工记录。

7）玻璃四周橡胶条的材质、型号、安装应符合规定要求。

检验方法：观察，检查进场验收记录。

8）幕墙四周。内表面与主体结构之间的连接点，各种变形缝。墙角的连接点应符

合设计要求和技术标准规定。

检验方法：观察，检查隐蔽工程验收记录和施工记录。

（2）一般项目允许偏差和检验方法见表 8－10。

表 8－10　　幕墙骨架一般项目允许偏差和检验方法

项目		允许偏差/mm	检验方法
幕墙竖向构件垂直度	$h \leqslant 30m$	≤7	用经纬仪或激光仪
	$30m < h \leqslant 60m$	≤12	
	$60m < h \leqslant 90m$	≤15	
	$90m < h \leqslant 150m$	≤20	
	$h > 150m$	≤25	
竖向构件直线度		≤2.5	用 2m 靠尺、塞尺测量
相邻两竖向构件标高		≤3	用水平仪和钢尺测量
同层构件标高偏差		≤5	用水平仪和钢尺直尺以构件顶端为基准测量
相邻竖向构件间距偏差		≤2	用卷尺在构件顶部测量
构件表面平整度	相邻三构件	≤2	用钢直尺和尼龙线或激光全站仪测量
	$b \leqslant 20m$	≤5	
	$b \leqslant 40m$	≤7	
	$b \leqslant 60m$	≤9	
	$b > 60m$	≤10	
单个横向构件水平度	$L \leqslant 2m$	≤2	用水平尺测量
	$L > 2m$	≤3	
相邻两个横向构件间距差	$S \leqslant 2m$	≤1.5	用刚卷尺测量
	$S > 2m$	≤2	
相邻两横向构件端部标高差		≤1	用水平仪、钢直尺测量
幕墙横向构件高度差	$b \leqslant 35m$	≤5	用水平仪测量
	$b > 35m$	≤7	
分隔框对角线差	$l_d \leqslant 2m$	≤3	用对角尺或钢卷尺测量
	$l_d > 2m$	≤3.5	

注　h 为幕墙高度；b 为构件宽度；L 为构件长度；S 为构件间距；l_d 为对角线长度。

3. 幕墙饰面安装质量验收

（1）主控项目：

1）玻璃幕墙使用的各种材料、构件和组件的质量应符合设计要求及国家现行产品标准和工程技术规范的规定。

检验方法：检查材料、构件、组件的产品合格证书，进场验收。

2）玻璃幕墙的造型和立面分格应符合设计要求。

检验方法：观察，检查尺量检查。

3）玻璃幕墙应无渗漏。

检验方法：观察，检查现场淋水试验记录。

4）玻璃幕墙密封胶的打注应饱满、密实、连续、均匀、无气泡，宽度和厚度应符合设计要求和技术标准的规定。

检验方法：观察，尺量检查，检查施工记录。

5）玻璃幕墙开启窗的配件应齐全，安装应牢固，安装位置和开启方向、角度应正确；开启应灵活，关、闭应严密。

检验方法：观察，手扳检查，开启和关闭检查。

玻璃表面质量要求和检验方法见表 8－11，铝合金型材的表面质量要求和检验方法见表 8－12，幕墙安装允许偏差和检验方法见表 8－13。

表 8－11　　玻璃表面质量要求和检验方法

项　　目	质量要求（每 $1m^2$）	检验方法
0.1～0.3m 宽划痕	长度小于 100mm，≤8 条	观察、用钢尺检查
擦伤总面积	≤$500mm^2$	用钢尺检查

表 8－12　　铝合金型材的表面质量要求和检验方法

项目	质量要求（每一分格）	检验方法
擦伤、划痕深度	不大于氧化膜厚度的 2 倍	观察
擦伤总面积	不大于 $500m^2$	用钢尺检查
划伤总长度	不大于 150mm	用钢尺检查
擦伤和划伤处数	不大于 4 处	观察

表 8－13　　幕墙安装允许偏差和检验方法

项　　目		允许偏差/mm	检 验 方 法
竖向及墙面垂直度	$h \leqslant 30m$	7.0	用激光仪或经纬仪检查
	$30m < h \leqslant 60m$	12.0	
	$60m < h \leqslant 90m$	15.0	
	$90m < h \leqslant 150m$	20.0	
	$h > 150m$	25.0	
幕墙水平度	$H \leqslant 3m$	3.0	用水平仪检查
	$H > 3m$	5.0	
幕墙表面平整度		2.0	用 2m 靠尺和塞尺检查
板材里面垂直度		2.0	用垂直检测尺检查
板材上沿水平度		2.0	用 1m 水平尺和钢尺检查
相邻板材角错位		1.0	用钢直尺检查
阳角方正		2.0	用直尺检测尺检查

续表

项　　目	允许偏差/mm	检 验 方 法
接缝直线度	2.5	拉 5m 线，不足 5m 拉通线，用钢直尺检查
接缝高低差	1.0	用钢直尺和塞尺检查
接缝宽度	2.0	用钢直尺检查

注　h 为幕墙高度；H 为建筑层高。

九、护栏及扶手制作安装

（一）施工准备工作

1. 施工材料准备

砂纸、油漆、A50mm×3mm 圆钢管、A25mm×3mm 圆钢管、A75mm×3mm 圆钢管、80mm×80mm×5mm 钢板、230mm×80mm×5mm 钢板、A10mm 膨胀螺栓、进场钢管堆放时应有垫木、防止表面损坏或变形。

2. 施工机具准备

电焊机、焊机、焊丝、抛光机、抛光蜡、电锤、切割机、云石机、手提电钻、钢锉、方尺等。

3. 作业条件准备

（1）熟悉图纸，做钢管栏杆施工工艺技术交底。

（2）施工前应检查电焊工合格证有效期限，应证明焊工所能承担的焊接工作。

（3）现场供电应符合焊接用电要求。

（4）施工环境已能满足施工的需要、楼梯间墙面、顶棚等抹灰全部完成。

4. 施工人员准备

（1）施工人员必须熟悉相关规范、图集的要求及栏杆、扶手安装工艺要求。施工前进行详细技术交底和专业培训，选取一层楼梯间进行样板施工，确认工序及做法后进行大面积施工。

（2）坚持特殊工种持证上岗制度，并于施工前进行教育培训。

（3）实行三级交底制度，即技术部对项目部相关管理人员和分包技术人员进行方案交底，工程部对分包工长、班组长进行交底，分包工长、班组长对楼梯栏杆扶手施工工人进行技术交底。

（二）施工工艺

1. 施工工艺流程

护栏及扶手制作安装施工工艺流程为：放线→安装固定件→焊接立杆→焊接扶手→打磨抛光→焊缝检查→栏杆立柱、扶手表面刷漆。

2. 施工工艺要点

（1）放线：按设计要求，将固定件间距、位置、标高、坡度进行找位校正，弹出

栏杆纵向中心线和分格线。

（2）安装固定件：按所弹固定件的位置打孔安装，每个固定件不得少于两个A10mm的膨胀螺栓固定。铁件的大小、规格、尺寸以及焊接立杆应符合设计要求。钢管立柱基础固件详图如图8-3所示。

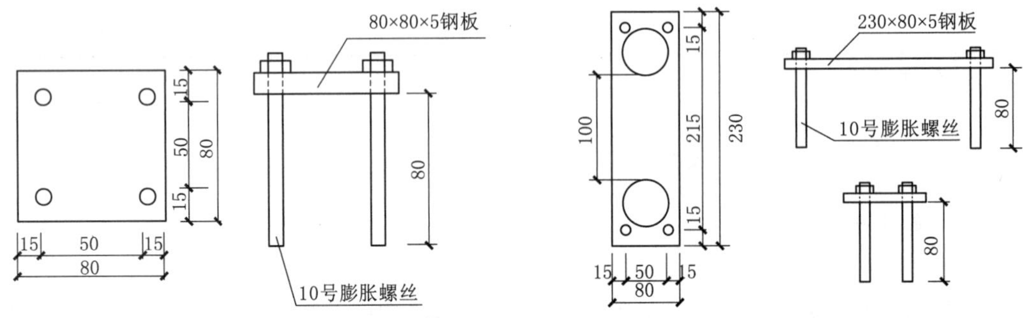

（a）独立钢管立柱基础固件　（b）并列钢管立柱基础固件

图8-3　钢管立柱基础固件详图

（3）焊接立柱：

1）焊接立杆与固定件时应放出上下两条立杆位置线，每根主立杆应先点焊定位，进行立杆垂直度检查之后，再分段满焊，焊接焊缝符合设计要求及施工规范规定。焊接后应及时清除焊渣，并进行防锈处理。

2）护栏高度、栏杆间距、安装位置必须符合设计及施工规范要求，护栏安装必须牢靠。

（4）焊接扶手：采用圆钢管扶手时，焊接宜使用氩弧焊机焊接，焊接时应先点焊，检查位置间距、垂直度、直线度是否符合要求。再两侧同时焊满。焊缝一次不宜过长，防止钢管受热变形。

（5）打磨抛光：杆件焊接组装完成后，对于无明显凹痕或凸出较大焊珠的焊缝，可直接进行抛光。对于有凹凸渣滓或较大焊珠的焊缝则应用角磨机进行打磨，磨平后再进行抛光。抛光后必须使外观光洁、平顺、无明显的焊接痕迹。

（6）焊缝检查：焊点应牢固，焊缝应饱满，焊缝金属表面的焊波应均匀，不得有裂纹、夹渣、焊瘤、烧穿、弧坑和针状气孔等缺陷。焊接区不得有飞溅物。

（7）栏杆立柱、扶手表面刷漆：栏杆立柱和扶手均采用红丹防锈漆打底，灰色油漆两道。刷漆须保证各处均匀，不漏刷。立柱和水平钢管表面经磨平，抛光后及时刷防锈漆，避免受潮起锈斑，最后涂刷面漆。

（三）质量验收

1. 一般要求

（1）构件下料应保证准确，构件长度允许偏差为1mm。

（2）构件制作时保证项目规格尺寸正确、表面光滑、线条顺直、曲线面弧顺、棱角方正，无戗槎、刨痕、锤印等缺陷。

（3）构件安装时保证项目位置正确，割角线准确、整齐，接缝严密，坡度一致，黏结牢固、通顺，螺帽平正，出墙尺寸一致。

（4）构件焊接时，位置要准确，构件之间的焊点应牢固，焊缝应饱满，焊缝表面的焊波应均匀，不得有咬边、未焊满、裂纹、渣滓、焊瘤、烧穿、电弧擦伤、弧坑和针状气孔等缺陷。焊接完成后，应将焊渣敲净。构件焊接组装完成后，应用手持机具磨平和抛光，使外观平顺光洁。

2. 强制性要求

（1）楼梯段、坡段、栏杆高度不小于 0.9m。

（2）转角处栏杆高度不小于 0.9m。

（3）最高楼层的楼梯水平段临空处栏杆离地面 0.10m 高度内不应留空，且栏杆高度为不小于 1.2m。

注：上述栏杆高度指地面完成面至扶手最高点的距离。

3. 注意事项

尺寸超出允许偏差，对焊缝长宽、宽度、厚度不足，中心线偏移，弯折等偏差，应严格控制焊接部位的相对位置尺寸，合格后方可焊接。焊接时应当精心操作。焊接部位相对位置允许偏差和检验方法见表 8－14。

表 8－14　焊接部位相对位置允许偏差和检验方法

项　目	允许偏差/mm	检验方法
栏杆（板）垂直	3	吊线尺量检查
栏杆间距	3	尺量检查
扶手直线度	4	拉通线尺量检查
扶手高度	3	尺量检查

4. 焊缝裂纹

为防止裂纹产生，应选择适合的焊接工艺参数和焊接程序，避免用大电流，不要突然熄火，焊缝接头应搭接 10～15mm。焊接中不允许搬动、敲击焊件。

5. 防止出现表面气孔

焊接部位必须刷洗干净，焊接过程中选择适当的焊接电流，降低焊接速度，使熔池中的气体完全逸出。

第三节　装饰装修工程施工技术总结

装饰装修工程工艺繁琐多样，材料复杂多变，在具体施工过程中，各类工艺及材料的应用根据现场实际施工情况作出调整，主要体现在以下几个方面。

一、材料调整

装饰装修施工包含分项内容较多，施工材料含木材、石材、溶剂型材料、五金材

料等各类建材。现场通过对比各类建筑材料的优缺点，综合施工工艺要求，及时对材料的选用进行科学合理的安排，在满足施工要求的前提下达到最优经济效益。其中具有代表性的有：吊顶吊杆选用射钉型代替膨胀型吊杆，外墙涂饰采用塑料分隔条代替涂料分隔缝，玻璃幕墙采用膨胀锚栓代替预埋钢板等。材料调整的优缺点分析如下。

1. 优点分析

（1）材料的替代有利于优化施工工艺。

（2）更利于控制施工精度的调整。

（3）市场采购方便，方便物资系统的采买，避免材料制约工期。

（4）在满足施工要求的前提下，可以节省人力物力的投入。

2. 缺点分析

（1）适用范围有限，如吊顶吊杆的材料选用，只能适用于受力位置较小的吊顶部位。

（2）耐久性受限，如外墙分隔条，虽然满足设计使用年限要求，但是相比于永久型分隔缝，还是存在脱落风险。

（3）部分材料受季节影响较大，对外部环境及温度要求较高。

二、施工工艺调整

装饰装修施工工序复杂多样，各类施工工艺的选用在结合图纸设计及规范要求的前提下，综合现场实际情况，进行局部调整，优化工序做法、节省人力物力。本工程实例施工工艺调整的优缺点分析如下。

1. 优点分析

（1）施工工艺的优化变更有利于缩短工期，提升整个工程的施工进度。

（2）施工工艺的优化有利于节省人力、物力的投入，节约施工成本。

（3）施工工艺的综合选用，在达到最优施工效果的前提下，有效控制各类施工因素的投入。

2. 缺点分析

（1）施工工艺的优化更新会因为新技术没有普及，会造成施工人员的熟练度不足，增加施工难度。

（2）部分施工工艺的应用会因为相关的标准规范没有完善，造成整个施工过程的质量把控困难。

三、主要设计变更

在整个工程的建设过程中，装饰装修的施工结合业主的使用要求，对现场部分做法提出设计变更，主要包含以下几项。

（1）机柜室吊顶工程业主根据机柜室的实用功效，由原设计的石膏板吊顶变更为铝扣板吸引吊顶。消减机柜在运行过程中的噪声污染及散热问题。

（2）加药间原设计的耐酸碱地砖变更为耐酸碱环氧地坪。业主单位综合考虑加药间的实用性，地砖地面易坏，不利于清理。整体变更为耐酸碱环氧地坪，虽然降低地面强度，但综合考虑，实用性优于耐酸碱地砖。

四、经验及体会

装饰装修工程的施工作为房屋建设的关键工序，直接影响房屋的实用性及感官效果。整个施工过程中材料、工艺的选择繁杂多样，需要专业工程师对整个过程及细节做好相关的方案。在施工过程中按照既定方案有序进行，对于部分细节部位无法套用既定方案的，要根据实际情况，由专业工程师对现场工艺作法及时做出调整，合理科学地完善工序工艺。

装饰装修工程施工过程中，需要与建筑电气、建筑给排水、采暖等工序交叉施工，现场需合理规划各工序之间施工的主次顺序，避免造成隐蔽类型工程的返工。工序的交叉在整个装饰装修工程中对工程工期的影响至关重要，因此衔接紧密，合理科学地安排材料、人员的进场顺序是整个工程进度管控的关键因素。

第九章 屋面防水工程

第一节 屋面防水工程施工概况

一、施工工艺介绍

项目部承建中国石油广东石化炼化一体化项目工程中，涉及建筑物屋面防水的工程包含炼油第二循环水场机柜间、厂前区综合宿舍楼、厂前区生产管理楼、芳烃联合装置变配电室、芳烃联合装置机柜室等工程。通过对施工图纸的综合对比分析，以上屋面均属于倒置式保温屋面，采用自粘式防水卷材材料，具体施工工艺均相同。

屋面工程执行《屋面工程技术规范》(GB 50345—2012)，屋面保温选用 50mm 厚挤塑聚苯板，为不上人屋面，屋面做法选用标准图集《建筑构造用料做法》(15ZJ001)，防水层采用 SBS 改性沥青防水卷材。

屋面主要做法如下：

(1) 保护层。40mm 厚 C20 细石混凝土。

(2) 保温层。30mm 厚雨槽型挤塑聚苯板铺贴。

(3) 找平层。20mm 厚 M15 水泥砂浆找平。

(4) 防水层。1.5mm 厚 PRF－100 嵌入式自粘防水卷材＋3mm 厚 PRF－300 改性沥青自粘防水卷材铺贴。

(5) 找坡层。30mm 厚（最薄处）LC5.0 粉煤灰陶粒混凝土找 2%坡抹平。

二、具体工程量

炼油二循机柜室建筑面积 703.36m^2，钢筋混凝土一层防爆结构，屋面防水面积 1038m^2；厂前区综合宿舍楼建筑面积 6562.54m^2，钢筋混凝土框架结构，地上 4 层，屋面防水面积 5000m^2；厂前区生产管理楼建筑面积 11928.91m^2，钢筋混凝土框架结构，地上 4 层，屋面防水面积 9870m^2；芳烃联合装置变电所建筑面积 7991m^2，钢筋混凝土框架结构，地上 2 层，屋面防水面积 3800m^2；芳烃联合装置机柜室建筑面积 1242.36m^2，钢筋混凝土防爆结构，地上 1 层，屋面防水面积 1548m^2。

三、施工特点、重点及难点

（一）自粘型防水卷材材料特点

当前阶段市场上的自粘型防水卷材大多是高分子、自粘橡胶沥青胶料以及隔离膜等部分构成，因此不仅具备高分子防水卷材的特点，而且在此基础上实现了抗温度变化、自愈、抗穿刺等诸多性能的提升。自粘型防水卷材包含的自粘胶料可以保障卷材应用的过程中和混凝土牢固紧密的粘接在一起，防止串水现象的发生，施工操作极为方便，更加灵活多变。此外，在一些比较潮湿甚至是未找平基面的情况下，自粘型防水卷材都可以使用，且不受天气因素的影响，极大地提高施工效率。最重要的一点是，自粘型防水卷材具有良好的环保性能，施工过程中不会涉及溶剂和燃料的应用，不会对周边环境造成污染，复合绿色建筑和绿色施工的发展趋势。

（二）屋面工程施工的重难点

屋面工程的主要功效是为了达到屋面保温防水的作用，整个施工过程都是围绕这两个重点展开。防水工程因为其特殊的性质，细部的施工成为整个屋面工程施工的重难点。

1. 找坡层施工

找坡层对于建筑材料有密度及导热系数的要求，在选用施工材料过程中，需重点关注以上两项数据。找坡的施工精度直接关系到屋面后期是否会存在积水情况，所以整个施工浇筑过程中需重点关注标高坡度的设置及施工。

2. 防水层施工

屋面防水层根据设计要求设置两层防水，根据规范要求 1.5mm 厚卷材在基层，3.0mm 厚卷材在面层，施工过程中需特别注意两道防水卷材的主次顺序。防水卷材属于拼接型材料，整个铺贴过程中需重点关注卷材铺贴方向及横纵边搭接宽度；屋面位置阴角及阳角位置需提前做倒角处理，避免混凝土构件的棱角对卷材造成损伤。

3. 找平层施工

找平层一般采用水泥砂浆施工，属于防水层和保温层中间的隔离工序，因其设计厚度较薄，又因为基层防水卷材不具备透水性，容易造成开裂的质量问题，在施工铺设完成后需重点关注整个找平层的压光抹面问题。

4. 保温层施工

屋面保温层采用聚苯板等高分子材料施工，聚苯板因其具有极低吸水性、防潮、不透气、轻质、耐腐蚀、低导热系数、高抗压性、抗老化、使用寿命长、导热系数低等优异的性能，使聚苯板这种新型的节能环保型保温材料被广泛推广应用。屋面聚苯板施工过程中需重点关注聚苯板的拼接和铺设平整度。

5. 保护层施工

屋面保护层采用钢丝网与混凝土砂浆结合的方式进行施工，钢丝网片的拼接及砂浆浇筑时钢丝网片的保护层厚度的控制是整个工序的重点，需加倍关注。避免造成屋面不平整或者后期分隔缝切割时出现损坏钢丝网骨架的情况。

第二节　屋面工程具体施工方案及方法

一、施工工艺流程

屋面工程施工工艺流程为：基层处理→LC5.0 粉煤灰陶粒混凝土找坡层→附加层→细部处理→1.5mm 厚 PRF－100 嵌入式自粘防水卷材＋3mm 厚 PRF－300 改性沥青自粘防水卷材防水层→闭水试验→20mm 厚 M15 水泥砂浆找平层→30mm 厚雨槽型挤塑聚苯板保温层→10mm 厚低强度等级砂浆隔离层→40mm 厚细石混凝土保护层。

二、施工技术

（一）基层处理

屋面水落口及女儿墙墙面应处理完毕，基层必须坚实、平整、清洁、干燥，如有漏水处，应进行堵漏修补；表面不得有大于 0.3mm 的裂缝。基层清理应将基层表面的泥土、灰尘、浮浆、油污等清除干净，突出的浆块要铲除，凹陷处、麻孔等应用砂浆批嵌补平。

（二）找坡层施工

（1）屋面结构板预留洞口先凿毛，做成倒八字形，用同楼层混凝土强度等级相同的吊模堵洞，混凝土浇捣密实。将屋面上女儿墙等竖向构件根部的棱角做成圆弧角（$R=50$mm）并磨平，做法如图 9－1 所示。

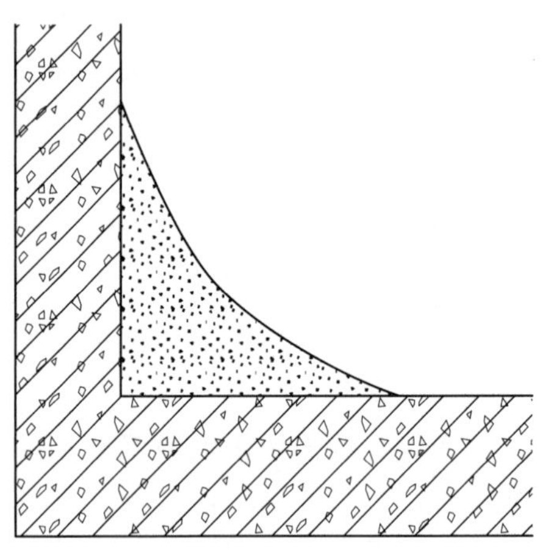

图 9－1　女儿墙等竖向构件根部

（2）根据水落口位置及设计坡度绘制屋面找坡平面图，将图示屋面排水分水线及找坡层分格缝位置线测放在屋面板上。在分水线上做出最低和最高处的厚度标志墩，其间拉线加密标志墩。标志墩用 C20 细石混凝土堆成，双向间距 1.5m。

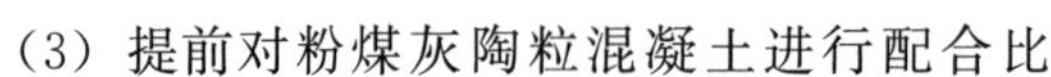

（3）提前对粉煤灰陶粒混凝土进行配合比实验，实验室给出的施工配合比：（水泥：砂：陶粒：水：粉煤灰：减水剂）1：3.76：0.83：0.83：0.39：0.014。根据试验室提供的施工配合比，每次拌制 2 袋水泥。准确计量所需的粉煤灰、陶粒、水、砂、水泥用量，随拌制，随运输，随铺平，随找坡，用大杠刮平，木抹子拍实，搓平。原则上采用原浆收光。原浆不足时，可加铺 1 层

1∶2水泥砂浆，混凝土表面做二次抹压成活。

（三）防水层施工

防水层采用1.5mm厚PRF－100嵌入式自粘防水卷材一道＋3mm厚PRF－300改性沥青自粘防水卷材。

1. 施工前准备

（1）材料选择：主材1.5mm厚PRF－100嵌入式自粘防水卷材，应符合《湿铺防水卷材》（GB/T 35467—2017）H类（高强度类防水卷材）标准。选用科顺牌1.5mm厚APF－2000W压敏反应型高分子湿铺防水卷材。主材3mm厚PRF－300改性沥青自粘防水卷材应符合《自粘聚合物改性沥青防水卷材》（GB 23441—2009）标准。选用科顺牌3mm厚APF－500自粘聚合物改性沥青防水卷材。

1.5mm厚APF－2000W压敏反应型高分子湿铺防水卷材性能要求见表9－1。

表9－1　1.5mm厚APF－2000W压敏反应型高分子湿铺防水卷材性能要求

<table>
<tr><th>序号</th><th colspan="2">项　目</th><th>指标（H类）</th></tr>
<tr><td>1</td><td colspan="2">可溶物含量/（g/m²）</td><td></td></tr>
<tr><td rowspan="3">2</td><td rowspan="3">拉伸性能</td><td>拉力/（N/50mm）</td><td>≥300</td></tr>
<tr><td>最大拉力时伸长率/%</td><td>≥50</td></tr>
<tr><td>拉伸时现象</td><td>胶层与高分子膜或胎基无分离</td></tr>
<tr><td>3</td><td colspan="2">撕裂力/N</td><td>≥20</td></tr>
<tr><td>4</td><td colspan="2">耐热性（70℃，2h）</td><td>无流淌、滴落，滑移≤2mm</td></tr>
<tr><td>5</td><td colspan="2">低温柔性（－20℃）</td><td>无裂纹</td></tr>
<tr><td>6</td><td colspan="2">不透水性（0.3MPa，120min）</td><td>不透水</td></tr>
<tr><td rowspan="3">7</td><td rowspan="3">卷材与卷材剥离强度（搭接边）/（N/mm）</td><td>无处理</td><td>≥1.0</td></tr>
<tr><td>浸水处理</td><td>≥0.8</td></tr>
<tr><td>热处理</td><td>≥0.8</td></tr>
<tr><td>8</td><td colspan="2">渗油性/张数</td><td>≤2</td></tr>
<tr><td>9</td><td colspan="2">持黏性/min</td><td>≥30</td></tr>
<tr><td rowspan="2">10</td><td rowspan="2">与水泥砂浆剥离强度/（N/mm）</td><td>无处理</td><td>≥1.5</td></tr>
<tr><td>热处理</td><td>≥1.0</td></tr>
<tr><td>11</td><td colspan="2">与水泥砂浆浸水后剥离强度/（N/mm）</td><td>≥1.5</td></tr>
<tr><td rowspan="3">12</td><td rowspan="3">热老化（80℃，168h）</td><td>拉力保持率/%</td><td>≥90</td></tr>
<tr><td>伸长率保持率/%</td><td>≥80</td></tr>
<tr><td>低温柔性（－18℃）</td><td>无裂纹</td></tr>
<tr><td>13</td><td colspan="2">尺寸变化率/%</td><td>±1.0</td></tr>
<tr><td>14</td><td colspan="2">热稳定性</td><td>无起鼓、流淌，高分子膜或胎基边缘卷曲最大不超过边长1/4</td></tr>
</table>

3mm厚APF－500自粘聚合物改性沥青防水卷材性能要求见表9－2。

表 9-2　　3mm 厚 APF-500 自粘聚合物改性沥青防水卷材性能要求

<table>
<tr><th rowspan="2">序号</th><th colspan="3" rowspan="2">项　目</th><th colspan="2">指　标</th></tr>
<tr><th>Ⅰ型</th><th>Ⅱ型</th></tr>
<tr><td rowspan="2">1</td><td colspan="2" rowspan="2">可溶物含量/(g/m^2)</td><td>3.0mm</td><td colspan="2">≥2100</td></tr>
<tr><td>4.0mm</td><td colspan="2">≥2900</td></tr>
<tr><td rowspan="3">2</td><td rowspan="3">拉伸性能</td><td rowspan="2">拉力/(N/50mm)</td><td>3.0mm</td><td>≥450</td><td>≥600</td></tr>
<tr><td>4.0mm</td><td>≥450</td><td>≥800</td></tr>
<tr><td colspan="2">最大拉力时伸长率/%</td><td>≥30</td><td>≥40</td></tr>
<tr><td>3</td><td colspan="3">耐热性（70℃，2h）</td><td colspan="2">无滑动、流淌、滴落</td></tr>
<tr><td rowspan="2">4</td><td colspan="3" rowspan="2">低温柔性/℃</td><td>−20</td><td>−30</td></tr>
<tr><td colspan="2">无裂纹</td></tr>
<tr><td>5</td><td colspan="3">不透水性（0.3MPa，120min）</td><td colspan="2">不透水</td></tr>
<tr><td rowspan="2">6</td><td rowspan="2">剥离强度/(N/mm)</td><td colspan="2">卷材与卷材</td><td colspan="2">≥1.0</td></tr>
<tr><td colspan="2">卷材与铝板</td><td colspan="2">≥1.5</td></tr>
<tr><td>7</td><td colspan="3">钉杆水密性</td><td colspan="2">通过</td></tr>
<tr><td>8</td><td colspan="3">渗油性/张数</td><td colspan="2">≤2</td></tr>
<tr><td>9</td><td colspan="3">持黏性/min</td><td colspan="2">≥15</td></tr>
<tr><td rowspan="5">10</td><td rowspan="5">热老化</td><td colspan="2">最大拉力时延伸率/%</td><td>≥30</td><td>≥40</td></tr>
<tr><td colspan="2" rowspan="2">低温柔性/℃</td><td>−18</td><td>−28</td></tr>
<tr><td colspan="2">无裂纹</td></tr>
<tr><td colspan="2">剥离强度卷材与铝板/(N/mm)</td><td colspan="2">≥1.5</td></tr>
<tr><td colspan="2">尺寸稳定性/%</td><td>≥1.5</td><td>≥1.0</td></tr>
<tr><td>11</td><td colspan="3">自粘沥青再剥离强度/(N/mm)</td><td colspan="2">≥1.5</td></tr>
</table>

注　自粘聚合物改性沥青防水卷材按性能分为Ⅰ型和Ⅱ型。

（2）材料进场须提供合格证，并应现场抽样送检，检测合格后方可用于施工。施工前按基层清理要求进行基层清理。

（3）工具准备：铁铲或铁锹、扫帚、辊筒刷、刮板、搅拌器、刷子。

（4）注意收听天气预报，不得将施工安排在雨日。

2. 防水施工工艺

（1）基层准备。基层表面应坚实、平整、干净、无空鼓、松动、起砂、麻面、钢筋头等缺陷。对原有基层含水率无要求，但不得有明水。当基面干燥发白时，应在铺抹水泥素浆黏结层前用淋水的方法充分湿润，防止在铺贴卷材时，基层吸收黏结层的水分导致影响黏结层的性能。基层面上的各种管道应提前安装完毕并验收合格。

（2）施工流程：基层清理→弹线定位、卷材预铺→配制水泥素浆→细部节点处理→大面铺设第一层防水卷材（边涂刮水泥素浆边铺贴防水卷材）→卷材接缝搭接→待第一层铺贴完后铺贴第二层防水卷材→卷材接缝搭接→固定、压边→组织验收。

3. 技术要求

(1) 基层清理：基面验收时若结构出现裂缝，需对裂缝进行处理。

(2) 弹线定位、卷材预铺：

1) 弹线定位。大面积铺贴卷材前先用钢卷尺确定卷材铺贴位置，并用弹线器弹线定位。

2) 卷材预铺。按照已经弹好的基准线位置将成卷卷材的自粘面朝下，需保证搭接尺寸正确，不得扭曲，卷材应力释放后进行回卷。

(3) 水泥素浆配置：水与水泥的质量比约为 1∶3.5（可根据实际情况调整）。用电动搅拌器在专用的搅拌桶中进行搅拌。搅拌时应先将水倒入搅拌桶中，然后再倒入水泥粉料，要求边搅拌边加入水泥粉料，水泥浆应搅拌均匀，无水泥颗粒，并且具有流动性。

(4) 细部节点处理：平立面转角做法是，先弹线定位确定附加层的铺贴位置，附加层宽度宜为 300～500mm，在平立面转角部位用防水卷材铺贴在基面上，铺贴时自粘层面朝基层，边撕开卷材下表面隔离膜边铺贴附加层卷材，并用压辊压实。

(5) 铺贴第一层防水卷材：第一层采用 1.5mm 厚 APF－2000W 压敏反应型高分子湿铺防水卷材，铺贴要点如下：

1) 将卷材末端固定好，再将拌制均匀的水泥素浆倒于基层上，用齿形刮刀或刮板均匀涂刮，不漏刮，厚度约 2.0mm，宽度方向距卷材两侧各留出 30mm 左右不刮，以防辊压时水泥素浆溢出过多，影响、污染搭接边。

2) 将卷材隔离膜用裁纸刀轻轻划开，将隔离膜揭起，隔离膜与卷材呈 30°角为宜。边刮水泥素浆边揭掉卷材下表面隔离膜，进行卷材铺贴。铺贴卷材的同时，另一工人用压辊从垂直卷材长边一侧向另一侧辊压排气，使卷材与水泥素浆充分贴合，直至一幅卷材铺贴完成。辊压后的卷材表面尽量不要踩踏。

3) 第二幅卷材铺贴时，先将卷材预铺并与第一幅卷材的搭接指导线重合，保证搭接宽度不小于 80mm，施工方法与第一幅卷材施工相同。

(6) 铺贴第二层防水卷材：（第二层采用 3mm 厚 APF－500 自粘聚合物改性沥青防水卷材）。铺贴第二层防水卷材时，将卷材隔离膜撕掉的同时铺贴第二层防水卷材，上下两层卷材的接缝应错开 1/3～1/2 幅宽，且两层卷材不得相互垂直铺贴。卷材在立面的收头尺寸应至少高于面层 250mm，端头部位用金属压条进行固定并用密封材料进行封闭。

(7) 卷材接缝搭接：

1) 长边搭接。在长边搭接重合部位、第二幅卷材下部与第一幅卷材的搭接区域，都铺有隔离膜，将两幅卷材搭接重叠区域的隔离膜同时揭去，并且将搭接边自粘胶贴合在一起，用小压辊重点辊压搭接重叠区域，挤出搭接边的空气，紧密压实粘牢，长边搭接宽度不小于 80mm。

2) 短边搭接。首先将卷材末端固定好，短边搭接处预留 80mm，先用裁纸刀轻轻划开，将隔离膜揭起，下面的卷材短边搭接处也需撕开 80mm 宽的隔离膜与上层短边搭接边进行黏结。

（8）固定、压边：搭接缝必须施加一定压力方能密实黏结。首先手持压辊施加一定的压力，对搭接边进行均匀压实，再采用压辊对搭接带边缘进行二次条形压实。

（9）铺贴完工后注意保护，以免防水层被破坏。

4. 细部做法

（1）檐口部位、平屋面与楼梯间墙面相交部位的防水卷材上卷高度不低于 250mm，在混凝土墙体上留设凹槽，防水卷材收头于凹槽下，挑檐口下端用水泥砂浆抹处鹰嘴和滴水槽。

（2）水落口固定牢固。在水落口杯周围 500mm 范围内找 5%坡度以利排水，并采用防水涂料或密封膏涂封严密，避免水落口处开裂。管根部抹成半径 5cm 的圆弧并做附加层。

（四）找平层施工

（1）水泥砂浆所用材料：水泥采用强度等级 32.5 的普通硅酸盐水泥。砂采用中砂，含泥量不大于 3%，不含有机杂质，级配良好。

水泥砂浆配合比为 1∶5.27，本工程采用展鹏混凝土搅拌站商品砂浆。

（2）找平层施工时应将基层表面清理干净，并进行浇水湿润，以利于基层与找平层的结合。

（3）在抹找平层的同时，凡基层与突出屋面结构的连接处、转角处，均应做成半径为 30～50mm（现场可按半径 50mm）的圆弧或斜长为 100mm 的钝角，立面抹灰高度应符合设计要求但不得小于 250mm。

（4）养护：找平层抹平、压实以后 12h 可浇水养护。

（五）保温层施工

（1）本工程屋面均采用 40mm 厚雨槽型挤塑聚苯乙烯泡沫板，导热系数不小于 0.030W/(m·K)，压缩强度不小于 250MPa，吸水率 1.0，燃烧性能等级不低于 B1 级。

（2）本工程采用 40mm 厚雨槽型挤塑聚苯乙烯泡沫板，材料具有高抗压、轻质、不吸水、不透气、耐腐蚀、不降解等特点，铺贴时必须保证基层平整，铺贴时与鼓隔离层之间不需要做任何黏合处理；为进行定位固定，可用塑胶黏合剂进行固定。板对板之间的缝隙必须用封箱胶带贴平，这样可有效防止保护层水泥砂浆固化后发生沿板缝出现裂缝的问题。

（3）挤塑板采用满铺，从一边开始铺设块状保温材料，在雨水口处半径 50cm 范围内不铺设聚苯板；板块紧密铺设、铺平、垫稳，保温板缺棱断角处用同类材料碎块嵌补。铺设 40mm 厚雨槽型挤塑聚苯乙烯泡沫板时，必须错缝铺设。

（4）注意事项：40mm 厚雨槽型挤塑聚苯乙烯泡沫板施工时，应注意保护防水层。

（六）保护层施工

1. 分格缝的设置

（1）按规范要求细石混凝土保护层设置纵横向间距不大于 6m 的分隔缝，另外屋面分格缝的设置还应考虑美观要求，并应弹线设置。分格缝宽度 20mm，缝内嵌填密封膏。

细石混凝土保护层与女儿墙间应预留 20mm 宽的缝（用多层板隔离），并用密封材料（防水油膏）嵌填严密。分格缝宽度 20mm，缝内嵌填密封膏。

（2）分格缝宽为 20mm。分格缝上铺 250mm 宽的 APP 改性沥青防水卷材。

（3）分格缝采用多层板，在防水混凝土施工时进行拉线放置，每个分格内部应按不大于 2m 设置标高控制垫块，多层板用 3cm 高的水泥砂浆固定。

2. 钢筋网片施工

（1）按设计要求，钢筋网片采用 ϕ4mm 间隔 150mm 的单层双向绑扎钢筋网片，保护层厚度不小于 20mm。现场须制作带扎丝的 12mm 厚砂浆垫块绑扎于钢筋网上，严禁不与网片绑扎直接垫于其下。

（2）分格缝处钢筋网片要断开。钢筋网片要根据分格缝的留设进行分片，网片边缘距分格缝中心 25mm。

（3）施工时注意钢筋网片的保护工作。如果采用手推车运送细石混凝土，必须铺走道板或废旧多层板，以防止破坏钢筋网片及分格缝挤塑板。

3. 细石混凝土的浇筑

（1）屋面保护层均采用 40mm 厚 C20 细石混凝土。

（2）浇筑混凝土前，应将隔离层表面浮渣、杂物清除干净，检查隔离层质量及平整度、排水坡度和完整性；支好分格缝模板，标出混凝土浇捣厚度。混凝土应用木抹子搓毛并找平。

（3）混凝土终凝后，应及时将分格木条松动，并仍放于原位，以防止下道工序的砂浆漏入。

三、质量检验标准及方法

（一）质量标准要求

（1）高聚物改性沥青防水卷材及胶粘剂的品种、牌号及胶粘剂的配合比，必须符合设计要求和有关标准的规定。

（2）卷材防水层及其变形缝、檐口、泛水、水落口、预埋件等处的细部做法，必须符合设计要求和屋面工程技术规范的规定。

（3）卷材防水严禁有渗漏现象。

（二）质量检验基本项目和注意事项

1. 质量检验基本项目

（1）铺贴卷材防水层的基层泛水坡度应符合设计要求，表面无起砂、空裂，且平

整洁净，无积水现象，阴阳角处应呈圆弧或钝角。

（2）聚氨酯底胶涂刷均匀，不得有漏刷和麻点等缺陷。

（3）卷材防水层铺贴、搭接、收头应符合设计要求和屋面工程技术规范的规定。且黏结牢固，无空鼓、滑移、翘边、起泡、皱折、损伤等缺陷。

（4）卷材防水层的保护层应结合紧密、牢固，厚度均匀一致。

2. 注意事项

应注意的质量问题如下：

（1）屋面不平整：找平层不平顺，造成积水，施工时应找好线，放好坡，找平层施工中应拉线检查。做到坡度符合要求，平整无积水。

（2）空鼓：铺贴卷材时基层不干燥，铺贴不认真，边角处易出现空鼓；铺贴卷材应掌握基层含水率，不符合要求不能铺贴卷材，同时铺贴时应平、实，压边紧密，黏结牢固。

（3）渗漏：多发生在细部位置。铺贴附加层时，从卷材剪配、粘贴操作，应使附加层紧贴到位，封严、压实，不得有翘边等现象。

（4）保护层的施工应在保温层合格后使用C20混凝土进行浇筑，C20混凝土厚度为40mm，表面平整、压实抹光、无裂缝、起壳、起砂等缺陷。

（三）质量控制措施

（1）在施工中严格按照ISO9002质量体系进行管理，要求分包队伍制定专项质量保证体系，建立明确的工程质量管理责任制。

（2）严格按照施工方案及技术交底的技术要求进行施工。

（3）严格执行原材料、施工产品的检验管理制度。

1）采购的原材料、施工产品必须具备四证，即生产许可证、产品合格证、出厂检测报告和质量保证书。原材料、施工产品进场后应符合国家有关标准和规范要求，并经市建委认可，按批量、批次抽样复检，并向监理提供复检报告。

2）现场设置专职保管员对进场产品进行分类保管，确保产品在使用前不受污染和在保质期内进行使用。

（4）严格执行工程检查制度，每一道施工工序执行班组自检，自检合格才能报监理工程师验收。隐蔽工程的验收严格按照规范进行。

（四）防水卷材质量通病

（1）空鼓：卷材防水层空鼓发生在找平层与卷材之间，且多在卷材的接缝处。其原因有：防水层中有水分，找平层不平，含水率过大；空气排除不彻底，卷材没有粘贴牢固；刷胶厚薄不均，厚度不够，压得不实，使卷材起鼓。

（2）渗漏：渗漏发生在穿过屋面管根、排水口、卷材搭接处等部位。伸缩缝由于未断开造成撕裂防水层。其他部位则由于黏结不牢、卷材松动或垫材料不严密，有空隙等。接槎处漏水原因是甩出的卷材未保护好，以及基层潮湿不干净，卷材搭接长度不够等。

（五）屋面渗漏的预防措施

（1）女儿墙及出屋面墙体泛水高度应不小于35cm。

（2）做泛水前，应先将女儿墙湿透，阴角处泛水做成圆弧状。

（3）尽量使泛水和保护层一次浇成，不留施工缝。

（4）保护层施工前应先安装雨水口下弯头，结构基层先铺卷材一层，与弯头搭接不少于10cm，并注意填实弯头下空隙，弯头连接要顺畅，抹压密实不出现施工缝，并尽量选用铸铁雨水斗，雨水斗与防水层间的接缝宜用聚氯乙烯胶泥等优良嵌缝材料填塞。

（六）成品保护措施

（1）堆放物资、配件的场地应高于周围场地或不能被雨水浸过，堆放场地应平整、干燥；材料要免受日晒雨淋；远离明火区。

（2）易燃物资的放置处于一般物资库间应满足防火间距，或由防火墙隔离。

（3）材料应挂牌保管，挂牌上表明材料名称、批号、受检状态、用途等。严禁状态不明，混装混放。

（4）严禁穿钉鞋人员进入卷材施工现场。

（5）保温层上不得施工，应采取必要措施保证保温层不受损坏。保温层施工完成后，应及时铺设找平层和保护层，以保证保温效果。

（6）找平层施工完毕，未达到一定强度不得上人。

（7）雨水口施工过程中，应采取临时措施封口，防止杂物进入堵塞。

（8）已铺好的卷材防水层，应及时保护措施。防止机具和施工作业损伤。

（9）施工中，不得将穿过屋面、墙面的管根损伤变位。

（10）水落管口施工前进行封堵，施工完毕后进行清除，保证管内通畅，满足使用功能。

（11）防水层施工完毕后，及时做好保护层。

（12）施工中不得污染已做完的成品。

（七）安全、文明施工保证措施

（1）坚持“安全第一，预防为主”的原则，施工前进行安全教育和培训，做好安全交底。

（2）要求操作人员施工前必须戴好安全帽，禁止往基槽乱扔杂物。

（3）严禁在施工现场吸烟。

（4）严格遵守各项规章制度，认真做到“工完料净场清”，及时清理现场，保持施工工地整洁。

（八）细部处理

在屋面渗漏中，由细部构造引起的渗漏约占50%，屋面要处理的细部一般有突出屋面结构底部、地面的管根、地漏、雨水口、檐口、阴阳角等。应在大面积防水卷材铺贴前，做好与防水层材料相同的附加层。附加层宽度应满足规范要求。附加层施工完毕经验收合格后，方可进行大面积防水层施工。

施工操作要点：

（1）下层处理时应选用合适的工具，将下层处理平整，使下层干净、干燥，达到卷材施工条件。然后涂刷下层处理剂，即使用长柄滚刷将下层处理剂涂刷在已处理好的下层上，要涂刷匀称，不得漏刷或露底。下层处理剂涂刷完成，达到干燥水平（以不粘手为准）方可施行热熔施工，以防止失火。

（2）对转角处、阴阳角部位、穿出构件及其他细部节点，均应做附加加强处理。要领是：先按细部外形将卷材剪好，贴在细部，其尺寸符合后，再将卷材的底面用汽油喷灯烘烤，待其底面呈熔融形态，即可立刻粘贴在已涂刷一道下层处理剂的下层上。附加层要求无空鼓，并压实铺牢。

（3）在已处理好并干燥的下层上，根据所选卷材的宽度，留出搭接缝尺寸（长、短边搭接宽度均为100mm），将铺贴卷材的基准线弹好，以便按此基准线进行卷材铺贴施工。

（4）将起始端卷材粘牢后，持火焰喷头对着待铺的整卷卷材，使喷头距卷材及下层加热处0.3～0.5m，施行往复挪动烘烤。不得将火焰停顿在一处直火烧烤，烧烤时间过长易产生胎基外露或胎体与改性沥青基料霎时分散等问题。应均匀加热，不得烧穿卷材。当卷材底面胶层呈玄色并伴有微泡（不得出现大量气泡），实时推滚卷材进行粘铺，后随一人施行排气压实工序。

（5）搭接缝及收头处的卷材必须均匀、全面地烘烤，必须使搭接处卷材间的沥青密实熔合，且有熔融沥青从边端挤出。用刮刀将挤出的热熔胶刮平，沿边端封严，以包管接缝的密闭防水功效。

（6）铺贴时边铺边查抄。查抄时用螺丝刀查抄接口，发明熔焊不实之处及时修补，不得留任何隐患。现场施工员、质检员必须跟从查抄，查抄合格后方可进入下一道工序施工。特别要留意平立面交接处、转角处、阴阳角部位的做法是否准确。

（九）闭水试验

闭水试验的蓄水深度应不小于20mm，蓄水高度一般为30～100mm，蓄水时间为24h，水面无明显下降为合格。闭水试验的前期每1h应到楼下检查一次，后期每2～3h到楼下检查一次。若发现漏水情况，应立即停止蓄水试验，重新进行防水层完善处理，处理合格后再进行蓄水试验。

第三节　屋面防水工程施工技术总结

一、屋面找坡方面

本工程屋面找坡层按照设计图纸要求，采用轻质陶粒混凝土施工找坡。陶粒混凝土是指以轻质骨料代替普通混凝土中天然石子，并加入适量河沙、水泥等胶凝材料，加入一定量水配置而成的表面密度小于1950kg/m^{3}的混凝土。陶粒混凝土在工程应用

中具有轻质高强、耐火性能佳、抗震性能强、耐久性良好、经济效益高等特点。在屋面找坡层施工过程中，采用陶粒混凝土代替普通混凝土可以有效降低屋面整体荷载，并对屋面保温起到辅助作用。

但是陶粒混凝土因其结构组成的特殊性，在施工过程中也存在一定的缺陷。因其骨料中轻质陶粒具有一定的吸水性能，导致陶粒混凝土在施工过程中容易出现坍落度下降、混凝土离析等问题。陶粒混凝土的抗压强度和抗拉强度明显低于普通混凝土的强度，因此要根据使用部位的强度要求，综合分析使用。

二、防水施工方面

防水工程施工随着材料及工艺的更新而不断改进，由最初的沥青型卷材逐步更新为自粘型高分子防水卷材和涂刷性高密度防水涂料。新型自粘型防水卷材是一种新型防水材料，是以高品质的沥青为主要原料，配以高强度的聚乙烯膜等材料制成。沥青自粘型防水卷材具有一定的自愈性，在卷材遇到穿刺或者硬物嵌入时，会自动与这些物体融为一体，能保持良好的防水性能。屋面施工时，卷材因具有自粘性，在施工过程中比较安全，不污染环境，施工简便干净。在整个施工过程中不需要使用粘接的化学试剂，也不需要加热烤至熔化，只需要揭开隔离层，整个施工过程变得高效便捷。

自粘型防水卷材的优点明显，但其缺点也不容忽视。此类卷材材料怕灰尘，在隔离层揭开之后，很容易沾染灰尘，从而影响卷材的粘接性能。此类卷材的价格比其他卷材要高，整体成本较高。此类防水卷材施工后的保护和维修等也是难题。任何部位出现破损、漏胶、脱胶等问题，整个与之相连贯的面层的防水功能将全部丧失，如果找不到破损缺陷部位，则局部修补就不可能，只能重新做防水。在整个屋面铺设过程中，由于基层有各种阳角、阴角及转角等不规则形状的部位，卷材铺设时就需要进行裁剪、拼接。结构复杂的基层需要进行多次拼接，防水卷材相互搭接处的粘接难度就比较大，容易造成质量隐患。

三、保护层施工方面

屋面保护层的施工采用细石混凝土与钢筋网片结合施工的工艺方式，与砂浆保护层相比，此类施工工艺整体强度较高，不容易造成面层开裂。加入钢丝骨架，对整个面层起到一个约束力的作用，提升了整个面层的整体性和强度，对保温层将起到一个很好的保护作用。

加入钢丝网片，虽然对整体面层的强度起到提升作用，但由于钢丝直径较小，钢丝网眼尺寸较大，在施工过程中对保护层厚度的控制很难达到理想效果，最后造成保护层过厚或者过薄，对保温层造成影响。如果表面保护层较薄，还容易露筋，造成面层锈蚀。

四、经验及体会

屋面工程施工工序复杂且种类繁多，在整个施工过程中，工序的衔接、各工序的验收都是整个工程成败的关键因素。细部施工是容易造成渗漏的薄弱点，大部分防水层渗漏都是因为其细部构造处理不到位造成的。屋面工程施工的每道工序都是紧密相关的，上道工序会对下道工序的施工及效果产生直接影响。因此在施工之前，必须仔细审查设计图纸，熟练掌握各工序的顺序及施工标准，仔细检查施工材料，并熟练掌握施工工艺。施工过程中做好细部检查，不合格的部位应当及时返工，避免造成更严重的质量问题，产生经济损失。

第十章 矩形薄壁通风管道安装工程

第一节 工 程 概 况

室内通风管道安装是比较常见的安装工程。广东石化一体化项目炼油区第二循环水场的暖通安装位于机柜室内部，共涉及 5 台空调、1 台新风换气机和 1 台排烟机。该安装工程的通风管道，采用吊顶安装和防火保温。

主要施工内容包括风管制作、风管部件制作、设备安装、配管工程、防腐与保温等。

广东石化一体化项目炼油区第二循环水场暖通系统通风管道安装工程实物量见表 10-1。

表 10-1　　工程实物量汇总表

项　目	单　位	工程量
离心管道式风机	台	3
新风净化机组	台	1
风冷恒温恒湿柜式空调机	台	4
风冷热泵壁挂式空调器	台	1
抗暴阀	套	6
方形散流器	个	14
排烟离心风机箱	个	4
静压箱	个	2

第二节 矩形薄壁通风管道安装施工方案

一、施工准备

（1）做好施工图纸会审和技术交底工作，并做好会审记录及技术交底记录。

（2）将施工机具及施工用料运达施工现场，施工人员组织安排合理，做好施工前的准备工作。

二、开箱检验

设备到场后，应在有关人员（建设单位、厂家、监理单位、施工单位）的共同参与下进行开箱检查，如有缺损、锈蚀严重或与设计要求不符，应及时由厂家更换。

开箱检查应根据到货清单认真核对设备的名称、型号、机号、配件数量等，并对进、排出口法兰口径等主要安装尺寸进行测量，确认是否与设计要求相符。

通风与空调工程施工应根据施工图及相关产品技术文件的要求进行，使用的材料与设备应符合设计要求及国家现行有关标准的规定。严禁使用国家明令禁止使用或淘汰的材料与设备。

三、风管制作

（1）空调系统风管均采用镀锌钢板制作、法兰连接，连接接口应牢固、严密。

（2）风管制作尺寸严格按照图纸要求，表面应平整，无明显扭曲及翘角，凹凸不应大于 10mm，风管边长（直径）不大于 300mm 时，边长（直径）的允许偏差为±2mm；风管边长（直径）大于 300mm 时，边长（直径）的允许偏差为±3mm。

（3）管口应平整，其平面度的允许偏差为 2mm。矩形风管两条对角线长度之差不应大于 3mm。

（4）手工画线、剪切或机械化制作前，应对使用的材料（板材、卷材）进行线位校核。

（5）应根据施工图风管大样图的形状和规格，分别进行划线。

（6）板材轧制咬口前，应采用切角机或剪刀进行切角。

（7）风管板材的拼接方法见表 10－2。

表 10－2　　风管板材的拼接方法

<table>
<tr><th rowspan="2">板材厚度 δ/mm</th><th colspan="4">拼接方法</th></tr>
<tr><th>镀锌钢板
（有保护层的钢板）</th><th>普通钢板</th><th>不锈钢板</th><th>铝板</th></tr>
<tr><td>δ≤1.0</td><td rowspan="2">咬口连接</td><td rowspan="2">咬口连接</td><td>咬口连接</td><td rowspan="2">咬口连接</td></tr>
<tr><td>1.0<δ≤1.2</td><td rowspan="3">氩弧焊或电焊</td></tr>
<tr><td>1.2<δ≤1.5</td><td>咬口连接或铆接</td><td rowspan="2">电焊</td><td>铆接</td></tr>
<tr><td>δ>1.5</td><td>焊接</td><td>气焊或氩弧焊</td></tr>
</table>

（8）风管板材拼接的咬口缝应错开，不应形成十字形交叉缝。

四、支吊架制作与安装

（1）所有风管需设置必要的支吊架。支吊架材料中型钢材质采用 Q235B，圆钢材质采用20号钢，防腐形式为除锈后红丹防腐漆两道，银粉漆两道。

(2) 支吊架制作流程为：确定形式→材料选用→型钢矫正及切割下料→钻孔处理→焊接连接→防腐处理→质量检查。

(3) 支吊架制作前，应对型钢进行矫正。型钢宜采用机械切割，切割边缘处应进行打磨处理。

(4) 型钢应采用机械开孔，开孔尺寸应与螺栓相匹配。

(5) 支、吊架焊接应采用角焊缝满焊，焊缝高度应与较薄焊接件厚度相同，焊缝饱满、均匀。

(6) 支吊架安装流程为：埋件预留→支吊架定位放线→固定件安装→支吊架安装→调整与固定→质量检查。

(7) 支、吊架定位放线时，应按施工图中管道、设备等的安装位置，弹出支、吊架的中心线，确定支吊架的安装位置。

(8) 金属风管（含保温）水平安装时，支吊架的最大间距应符合表10-3的规定。

表10-3　金属风管支吊架的最大间距　单位：mm

风管边长或直径	矩形风管最大间距	圆形风管最大间距	
		纵向咬口风管	螺旋咬口风管
≤400	4000	4000	5000
>400	3000	3000	3750

五、风管与部件安装

(1) 风管安装流程为：测量放线→支吊架安装→风管检查→组合连接→风管调整→质量检查。

(2) 风管安装前，应先对其安装部位进行测量放线，确定管道中心线位置。

(3) 风管安装前，应检查风管有无变形、划痕等外观质量缺陷，风管规格应与安装部位对应。

(4) 风管组合连接时，应先将风管管段临时固定在支、吊架上，然后调整高度，达到要求后再进行组合连接。

(5) 风管法兰间采用厚度5mm硅玻钛金胶板垫料。

(6) 风管安装后应进行调整，风管应平正，支吊架顺直。

(7) 消声器、静压箱安装时，应单独设置支吊架，固定应牢固。消声器、静压箱等设备与金属风管连接时，法兰应匹配。

六、设备安装

(1) 所有设备基础应在设备到货后，核对尺寸无误后方可施工。在安装前应对照其型号、规格，待核对无误后方可安装。

（2）设备安装应严格按生产厂家说明进行。

（3）各空调设备室内外机的冷媒管道及配电线、防火阀与空调机组的信号控制线、加湿进水管、冷凝排水管的连接均由空调设备供货厂家现场指导安装完成。

（4）加湿进水管的总管接口见给排水专业图纸，冷凝排水接入排水沟。

（5）直联型全混流风机箱安装参照图集《离心通风机安装》（12K101－3）及风机厂家安装说明书。

（6）边墙式风机安装参照图集《轴流通风机安装》（12K101－1）及风机厂家安装说明书。

（7）通风空调主要设备有空调机组、通风机、风机盘管等，设备的安装根据设计图纸，按照安装顺序进行，空调机组、通风机、风机盘管等设备安装前需进行检查验收，合格后进行清洁处理，要做到无油污、无灰尘，并对所有孔洞进行封闭。

（8）设备与系统风管连接，应预先做好尺寸准确配接管，经洁净处理验收后封好两端口，运到现场再启封安装，敞口时间不得过长，并要确保灰尘不侵入风管或设备之内。

（9）设备运转应分两步，第一步机械性能运转，第二步设计负荷试运转。

设备启动：应先进行点动试机，检查各部位有无异常现象。

设备运转：设备运转时应对电流、轴承温度等进行测量，确保各参数符合设计及验收规范要求。

七、风管检测

（一）漏光检测

漏光法检测是采用光线对小孔的强穿透力，对系统风管严密程度进行定性的检测方法。具体检测方法是：在黑暗的环境下，在一定长度的风管内用一个电压不低于36V、功率不小于100W的灯泡，从风管的一端缓缓移动到另一端，若在风管外能观察到光线，则说明风管有漏风，需对漏风处进行修补。

系统风管的漏光检测采用分段检测、汇总分析的方法，被测系统的风管允许有多处条缝形的明显漏光。低压系统风管每10m接缝漏光点不超过2处，100m接缝不大于16处。

（二）漏风量检测

风管的漏风量检测采用经检验合格的专用测量仪器检测。风管安装完毕后、保温前对风管进行漏风量检测。

根据规范要求，现场对控制室内的风管进行漏风量检测。本工程空调及通风系统为低压系统，漏风量 $Q_1 \leqslant 0.1056P^{0.65}$。其中，$Q_1$ 为系统风管在相应工作压力下，单位面积风管单位时间内的允许漏风量，单位为 $m^3/(h \cdot m^2)$；P 为风管系统的工作压力。

八、防腐与绝热

（1）防腐与绝热施工前应具备下列施工条件：防腐与绝热材料符合环保及防火要求，进场检验合格；风管系统严密性试验合格。

（2）空调系统风管均采用外敷防火铝箔的难燃 B1 级柔性闭孔泡沫橡塑绝热板保温（保冷），保温厚度为 40mm，外缠玻璃丝布保护层；风管道设置的防火阀两侧各 2m 范围内采用外敷防火铝箔的不燃离心玻璃棉板保温，保温厚度为 40mm。

（3）防腐施工的环境温度宜在 5℃以上，相对湿度宜在 85%以下。

（4）管道与设备绝热流程为：清理去污→保温钉固定→绝热材料下料→绝热层施工→防潮层施工→保护层施工→质量检查。

（5）镀锌钢板风管绝热施工前应进行表面去油、清洁处理；冷轧板金属风管绝热施工前应进行表面除锈、清洁处理，并涂防腐层。

（6）保温钉与风管、部件及设备表面的连接宜采用粘接，结合应牢固，不应脱落。

（7）固定保温钉的胶粘剂宜为不燃材料，其粘接力应大于 $25N/cm^2$。

（8）绝热层与风管、部件及设备应紧密贴合，无裂缝、空隙等缺陷，且纵、横向的接缝应错开。

九、通风与空调系统试运行与调试

（1）通风与空调系统安装完毕投入使用前，必须进行系统的试运行与调试，包括设备单机试运转与调试、系统无生产负荷下的联合试运行与调试。

（2）试运行与调试前应具备下列条件：

1）通风与空调系统安装完毕，经检查合格；施工现场清理干净，机房门窗齐全，可以进行封闭。

2）试运转所需用的水、电、蒸汽、燃油燃气、压缩空气等满足调试要求。

3）测试仪器和仪表齐备，检定合格，并在有效期内；其量程范围、精度应能满足测试要求。

4）调试人员已经过培训，掌握调试方法，熟悉调试内容。

（3）设备试运行与调试应严格执行规范要求及随机资料要求。

第三节　矩形薄壁通风管道安装工程施工技术总结

一、施工技术优缺点

（1）优点：按结构分段设置固定支架，分段组合安装，在竖向结构中平均分布荷载，安装比传统方法更简便、更快捷。风管连接处严密性好，保证了各系统的独立性和密封性。

（2）缺点：风管放样必须与现场结构一致，不能有误差，生产过程比较复杂。固定节U形片及后封板为半成品进场，现场组装安装，对运输和安装过程中的保护要求较高，不能有磕碰情况。

二、经验及体会

（1）严格按规范和设计施工，做好各项试验记录。做好自检工作的同时也要做好电气接线标，便于电气找阀和对应接线。

（2）除了管道安装、阀连接和保温外，一定要做好跨墙、跨孔洞的保温和封堵。

（3）施工过程中要控制好同一条轴线上的通风管道的稳定，不可随意左右摆动或是上下浮动，特别是支吊架要牢固。

（4）从施工情况看，机柜内的风管制作和安装达到了良好的施工效果。无论是材料制作成本，还是现场安装进度和质量，均在控制范围内，达到了预期目的，为下一步工程进展打下了良好的基础。

第十一章 公用工程水池施工技术

第一节 事故池施工概况

公用工程属于广东石化炼化一体化项目生产工艺环节中的重要组成部分，其中水系统作为公用工程的关键组成部分，主要包含污水处理、生产水供给、雨水收集利用、循环水降温等系统。水池作为整个水系统运行的重要组成部分，在本工程中的应用较为广泛。本章重点介绍化工区事故池的应用功效及施工工艺技术。

事故池是污水处理构筑物的一种。在处理化工、石化等一些工厂所排放的高浓度废水时，一般都会设置事故池。原因在于，当这些工厂出现生产事故时，会在短时间内排放大量高浓度且pH值波动大的有机废水，这些废水若直接进入污水处理系统，会给运行中的生物处理系统带来很高的冲击负荷，造成的影响需要很长时间来恢复，有时会造成致命的破坏。为避免事故废水对污水处理系统带来的影响，很多污水处理场设置了事故池来储存事故废水。在生产恢复正常且污水处理系统没有受到影响的情况下，再逐渐地把事故池中积存的事故废水连续或间断地以较小的流量引入到生物处理系统中。

第二节 地下式钢筋混凝土水池施工方案及方法

一、施工工艺流程

地下式钢筋混凝土水池施工工艺流程为：测量放线→土方开挖→基坑降水→边坡支护→垫层浇筑→脚手架搭设→钢筋工程→模板工程→变形缝防水处理→混凝土浇筑→水池满水试验→水池外防腐施工→土方回填。

二、施工技术

（一）测量放线

1. 施工测量

因本工程的地基处理、桩基工程已施工完毕，进场后，依据设计图纸对现场已有

的坐标点进行复核，并根据复核结果进行建筑物的定位放线，建立施工测量控制网。

2. 平面控制网布设

（1）平面控制网布设原则：

1）遵照先整体后局部、高精度控制低精度的原则布设。

2）严格依据总平面图和现场平面布置图布设。

3）桩位控制点选在通视条件良好、安全、易保护的地方。

4）控制桩点按规范做法妥善保护，桩位应进行编号并有防雨措施。

（2）场区平面控制基准点复测。对业主提供的建筑物定位桩点或用地红线进行复测，利用全站仪进行角度、距离复测，测角中误差为±5′，边长相对中误差为1/40000。复测后，将复测点位误差以及调整方案报业主和监理单位。

（3）平面控制网布设方法和步骤

1）本控制网按Ⅰ级建筑方格网进行测设，测角中误差为±5′，边长相对误中误差为1/40000，相临两点间的距离误差控制在±2mm以内。采用极坐标或直角坐标定位方法测设出基础外轮廓，在角度、距离校测符合点位限差要求后，依据平面控制网布设原则及轴线加密方法，布设场区平面矩形控制网。建筑物平面矩形控制网悬挂于首级平面控制网（业主提供的平面基准网点）上，为了便于控制及施工，一般建筑物平面矩形控制网都布设成偏离轴线1m，避免施工时覆盖控制网点。

2）首级控制为根据业主提供的定位桩引测出的本工程二级方格控制网。

3）首级控制方格网完成后，以首级控制网为基准，依据总平面图及需测量建筑物的平面图确定轴线控制网。轴线控制网可以采用直角坐标定位的方法定出需测量建筑物的主轴线控制桩，经角度、距离校测复核后，形成轴线控制网。

3. 标高±0.00以下结构的施工测量放线

依据红线桩点测设建筑物控制网，在控制网外廓线上测设控制地下结构的控制线和建筑物主轴线，同时应注意避开结构柱，以便向基坑投测轴线。

建筑物控制网经自检和监理验收后，向规划部门申请验线，验收合格后，方可进行下一步施工。

建筑物的高程控制点与平面控制网点布置在同一桩点，从而保证建筑物旁有2～3个高程控制点，以便向各工程部位引测标高时进行闭合水准路线校核。

垫层施工完成后，依据建筑物控制网向垫层上投测建筑物外廓主轴线。投测前应先核对建筑物控制网点是否有变动，投测宜采用纵横交汇法，投测后在垫层上校核轴线间距、轴线夹角及对角线尺寸。基础长度或宽度在60～90m时，允许误差为±15mm，对角线尺寸误差为边长误差的1.4倍，外廓轴线间的夹角的允许误差为1′。高程控制可采用悬挂钢尺法，用水准仪测放，由基坑上的高程控制点直接引测，以便减少测站数，提高引测精度，但应注意悬挂标准重物和进行钢尺的尺长和温度改正。

（二）土方开挖

（1）本工程池底埋设深度最深为－5m左右，为保证工程施工不受地下水的影

响，保证池底的地基承载力不受破坏，必须采取降水措施，采用轻型井点降水的方法进行。

(2) 为减轻边坡土方的侧压力，在坑的四周井点管部位设一道 1m 宽的缓台，以防边坡侧压力过大引起塌方，如图 11-1 所示。

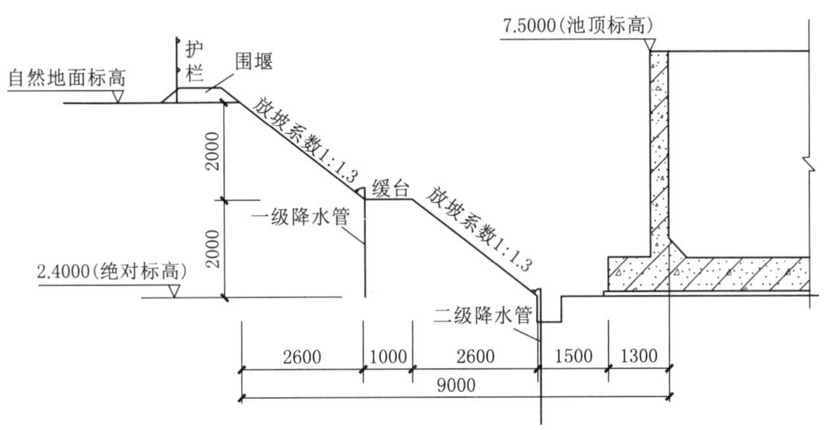

图 11-1　事故池土方开挖剖面图

(3) 缓台以上土方挖出后，全部用汽车运至指定的弃土场地。

(4) 当挖到距槽底 50cm 后，测量人员测出距槽底 50cm 的水平标志线，然后在槽邦上钉上小土桩，并随时测量基底标高以防超深，开挖时须留 200mm 左右土方人工清理，以防机械扰动基底土层。

(5) 所预留回填的土方不得堆放在坑边，以防增加坑边土层的侧压力，形成塌方。

(6) 开挖结束后为防雨季对坑内形成集水需考虑集水坑和排水沟，用水泵抽水。

(7) 开挖过程中随时注意边坡土层的变化，并设专人看护，如发现边坡土层松散、易塌方，须及时采取板桩护坡措施。

(8) 桩间土开挖。

1) 开挖桩间土时，应待桩基检测完毕或桩基混凝土浇筑 24d 后开挖。开挖桩间土时，挖掘机不得碰撞桩身；开挖时安排辅助开挖人员先人工开挖暴露桩身再采用机械开挖。

2) 开挖有支护土方时，测量人员跟踪测量，根据设计桩顶标高＋500mm 施测保护桩头标高和桩位，用白灰撒出相对桩径放大一倍的桩位，专职指挥人员旁站指挥挖掘机机手开挖。

3) 基坑土方开挖时，当遇工程桩高于设计桩顶标高 500mm 以上时，挖掘机的挖斗外沿距桩间水平方向控制与桩保持 200～300mm 的安全距离垂直下挖切土，挖斗缓缓向内将土勾进挖斗内垂直提起挖斗、装车，桩四周 200～300mm 土层或桩间土层由人工开挖，并随时运走。

4) 当遇临近基坑位置有工程桩时，在基坑开挖前，测量人员根据装置布置图，采用全站仪极坐标法施测出桩位、撒白灰线，安排专人搭设钢管护栏进行维护，并在护栏的水平横杆上悬挂“下有工程桩、注意成品保护”的提示牌。

5）当遇有临近设备基础工程桩位于基坑放坡大开挖工作面范围内，且桩顶标高相较高出放坡大开挖坡面坡比坡面时，根据实际情况，首先采取增加该坡面的放坡级数和调整放坡坡率的措施。当遇桩顶标高相对自然地坪为－2.0m 时，采取二级放坡，每级放坡高度 2.0m；放坡坡率 1∶1.3，台阶宽度 1.0m。

（三）基坑降水

基坑降水采用集水明排和轻型井点降水两种方式。

1. 集水明排

基坑顶部、基坑底部降排水采用集水明排法。排水沟截面 300mm×300mm，集水井截面尺寸为 800mm×800mm，集水井深度应比排水沟沟底深 0.8～1.0m；顶部排水沟沿基坑四周距基坑边沿不小于 1.25m 位置设置，坑底排水沟距坡脚或池底垫层边沿不少于 300mm 位置设置，排水沟坡度宜为 0.2%～0.5%。

集水井基坑顶部、底部每角部各设置一口集水井，其他集水井间距不大于 50m；集水井深度相对排水沟沟底深 0.8～1.0m。基坑顶部雨水及基坑内地下渗水汇入集水井后用水泵抽出坑外，经过排出前端设置的沉砂池沉淀后排入业主指定的排水沟内集中外排。排水沟、集水井沟底、沟壁及井壁均先铺设一层彩条布再铺一层土工布。

2. 轻型井点降水

本基坑工程基坑降水设计为基坑外二级轻型井点降水，降水为连续降水，降水周期为水池外四周回填土分层回填至地下水位上不小于 600mm 标高位置。一级轻型井点降水井点沿基坑顶部距基坑边沿不小于 0.8m 位置环圈状单排布置，井点管水平间距 1.0～1.5m。二级轻型井点降水井点沿一级台阶距支护钢板桩外沿 1.0m 位置环圈状单排设置，井点管间距 0.75～1.5m。一级、二级轻型井点降水井点在基坑的角部、出土坡道位置适当加密。

井点管、总管均采用 PPR 塑料管，井点管管径为 *DN*45～*DN*50mm，坑顶部一级轻型降点降水井点管单根长度 4.5m；一级平台二级轻型降点降水井点管单根长度 5.6～6.0m；总管管径为 *DN*100～*DN*110mm，一级、二级轻型井点降水设备各采用 2 台真空泵，每机组携带总管长度均不大于 100m。

井点管滤管顶端应位于坑底以下 1.5～2m；井管内真空度应不小于 65kPa。总管沿抽水水流方向布置，坡度宜为 0.2%～0.5%。总管在抽水设备对面断开，各套总管之间装设阀门隔开。降水深度至坑底垫层底标高以下 500mm 水位降至地下结构垫层底标高不小于 1m 降水漏斗形成后进行土方开挖。

滤管采用壁厚为 3.0mm 的 PPR 塑料管，长 2.0m 左右，在此端 1.4～1.5m 长范围内管壁上钻直径 15mm 的小圆孔，孔距为 25mm，外包两层滤网，滤网采用编织布，外部再包一层网眼较大的尼龙丝网，每间隔 50～60mm 用 10 号铅丝绑扎一道，滤管另一端与井点管进行连接。滤管插入坑底垫层底标高以下 1.0～1.5m。

井点管采用壁厚为 3.0mm 的 PPR 塑料管。

连接管采用透明管或胶皮管，与井点管和总管连接，采用 8 号铅丝绑扎，应扎紧以防漏气。成孔直径不得小于 300mm，成孔深度应大于滤管底端不小于 500mm。

总管采用壁厚为 4.0mm 的 PPR 塑料管，用三通连接，防止漏气、漏水。

抽水设备采用真空泵以及每机组配件和水箱。

（四）边坡支护

1. 施工方案设计

采用 HRB400、直径 14mm、长 600～800mm 的短钢筋做土钉，土钉纵横间距排距 2m，上铺丝径不小于 2.5～3mm、网孔不大于 100mm×100mm 的镀锌钢丝网，再喷射 60mm 厚细石混凝土面层。坡面每间隔 6.0m×6.0m 设置 1 个泄水孔。基坑顶部应扩展至基坑顶部排水沟内侧，基坑底部应扩展至基础垫层边沿，以防止基坑隆起。

2. 施工方法

（1）坡面修整。基坑坡面修整待基坑开挖至一级台阶位置时人工自上而下、分段分块挂小线挖掘、铲除坡面凹凸不平土层或浮土，基坑各侧面自上而下、分段、分块交替进行至坡底，平面修整、挖掘、铲除应保证边坡的坡道和平整度。

（2）打设钢筋土钉。土钉采用 HRB400、直径 14mm、加工长度 800mm 的短钢筋，自上而下挂线打设钢筋土钉，土钉纵横间距排距 2m 梅花形设置，且垂直坡面打设深度不小于 750mm；并且土钉应在一级台阶、基坑顶部至排水沟内侧均应设置。

（3）挂钢丝网。挂钢丝网待钢筋土钉打设一定数量或基坑某侧一个坡面后自上而下进行，钢丝网采用 20 号绑扎铁线将钢丝网片与土钉绑扎固定；并且钢丝网与坡面间隙不应小于 30mm。

钢丝网采用搭接接长接宽，搭接宽度或长度不得小于 300mm；在每步工作面上的网片筋应预留与下一步工作面网筋搭接长度。

（4）埋设控制混凝土厚度的标志。每侧边坡坡面自上而下纵横每隔 5m×5m 插一根等于护坡混凝土厚度的小竹片或短钢筋，作为控制坡面喷射混凝土厚度的标志。

（5）喷射护坡混凝土。边坡面层采用喷射厚度不小于 60mm 厚 C20 混凝土，并且分两遍进行。其施工应符合下列要求：

1）喷射混凝土前应对机械设备等进行全面检查及试运转，清理待喷坡面，设好控制喷层厚度的标志。

2）喷射混凝土采用 C20 预拌混凝土或自拌混凝土，混凝土配合比为水泥：砂：细石＝1：2：1.2（该配合比应经商品混凝土搅拌站经试配确定）。

3）喷混凝土应分段分片依次进行，同一段内喷射顺序应自下而上，段、片之间，层与层之间做成 45°斜面，以保证细石混凝土前后搭接牢固，并凝结成整体。喷射时先将低洼处大致喷平，再自下而上顺序分层、往复喷射。

4）喷射混凝土时，喷头与受喷面应保持垂直，并保持 0.6～1.0m 的距离；喷射手应控制好水灰比，保持喷射混凝土表面平整，湿润光泽，无干斑或滑移流淌现象。

5）第一层混凝土厚度控制在25～35mm之间。喷射混凝土终凝2h后，应及时浇水养护，保持其表面湿润。

6）第二层混凝土喷射待第一层混凝土终凝有一定强度时，即可进行第二遍面层混凝土喷射。喷射混凝土前先将钢丝网片与土钉绑扎牢固再进行混凝土喷射作业。

7）喷射混凝土自下而上分层喷射，顺序可根据地层情况"先锚后喷"，土质条件不好时采取"先喷后锚"，喷射作业时，空压机风量不宜小于9m/min，气压0.2～0.5MPa，喷头水压不应小于0.15MPa，喷射距离控制在0.6～1.0m，通过外加速凝剂控制混凝土初凝和终凝时间在5～10min。

8）面层喷射混凝土终凝后2h应喷水养护，养护时间宜在3～7d，养护采用喷水养护。

9）喷射作业完毕或因故中断时，必须将喷射机和输料管内的积料清除干净。

（6）喷射混凝土作业应符合下列要求：

1）作业人员应佩戴防尘口罩、防护眼镜等防护用具，并避免直接接触液体速凝剂，不慎接触后应立即用清水冲洗，非施工人员不得进入喷射混凝土作业区，施工中喷嘴前严禁站人。

2）喷射混凝土施工中应经常检查输料管、接头的使用情况，当有磨损、击穿或松动时应及时处理。

3）喷射混凝土作业中如发生输料管堵塞或爆裂时，必须依次停止投料、送水和供风。

（7）泄水管设置。坡面泄水管采用*DN*25～*DN*32PPR塑料管，并将埋入端管口用钢丝网包裹，以排渗透于坡面的上层滞水。滤水管纵横间距6m×6m或3m×8m，设置时自上而下包括一级平台位置均应设置，在喷射混凝土前边坡修整后及时安装，安装时，先在滤水管位置开挖300mm×300mm的坑，将提前制作好的滤水管置于坑内再在坑内填充单粒级配碎石滤水层。

（五）垫层浇筑

（1）基槽验收合格后，即可在其上进行垫层浇筑，垫层厚150mm，垫层为C25混凝土，采用平板振动器振实，混凝土随浇筑随抹平。

（2）当垫层混凝土强度达到1.2MPa后，在其上弹出池底的外边线以及池壁线，按图将各部位的钢筋分别在垫层上弹线。

（六）脚手架搭设

1. 脚手架搭设流程

落地脚手架搭设的工艺流程为：定位设置通长脚手板、底座→纵向扫地杆→立杆→横向扫地杆→大横杆→小横杆（架板）→剪刀撑→连墙件→铺脚手板→扎防护栏杆→扎安全网。

2. 定距定位

根据构造要求在建筑物四角用尺量出内、外立杆离墙距离，并做好标记；用钢卷

尺拉直，分出立杆位置，并用小竹片点出立杆标记；垫板、底座准确地放在定位线上，垫板必须铺放平整，不得悬空。

在搭设首层脚手架过程中，沿四周每框架格内设一道斜支撑，拐角除双向增设，待该部位脚手架与主体结构的连墙件可靠拉接后方可拆除。当脚手架操作层高出连墙件两步时，宜先立外排，后立内排。其余按以下构造要求搭设。

3. 主杆基础

在基础层面上铺 2000mm×200mm×50mm 的木板，木板上安放 150mm×150mm×8mm 的钢底座。

4. 立杆间距

（1）脚手架立杆纵距 1.2m，横距 0.9m，步距 1.8m；连墙杆间距竖直 5.4m，水平间距 3.6m（即三步三跨）；内侧立杆距建筑物外墙面 0.25m。

（2）脚手架的底部立杆采用不同长度的钢管参差布置，使钢管立杆的对接接头交错布置，高度方向相互错开 500mm 以上，且要求相邻接头不应在同步同跨内，以保证脚手架的整体性。

（3）立杆设置垫木，并设置纵横方向扫地杆，连接于立脚点杆上，离底座 20cm 左右。

（4）立杆的垂直偏差应控制在不大于架高的 1/400，但全高倾斜不大于 10cm。

（5）脚手架立杆顶端宜高出女儿墙上端 1m，宜高出檐口上端 1.5m。

5. 大横杆、小横杆设置

（1）大横杆在脚手架高度方向的间距为 1.8m（底层步距均不大于 2m，底层纵向扫地杆即底层大横杆采用直角扣件固定在距钢管底端不大于 200mm 处的立杆上；底层横向扫地杆即底层小横杆应采用直角扣件固定在紧靠纵向扫地杆下的立杆上），以便立网挂设。大横杆置于立杆里面，每侧外伸长度为 150mm。

（2）外架子按立杆与大横杆交点处设置小横杆，两端固定在立杆，以形成空间结构整体受力。

6. 剪刀撑设置

（1）脚手架外侧立面应连续设置剪刀撑，并应由底至顶连续设置。

（2）每道剪刀撑宽度不应小于 4 跨，且不应小于 6m，沿主点设置，斜杆与地面的倾角应为 45°～60°。

（3）剪刀撑斜杆的接长宜采用搭接，搭接长度不小于 1m，应采用不少于 2 个旋转扣件固定。

（4）端部扣件盖板的边缘至杆端距离不应小于 100mm。

（5）剪刀撑斜杆应用旋转扣件固定在与之相交的横向水平杆的伸出端或立杆上，旋转扣件中心线离主节点的距离不宜大于 150mm。

7. 纵向水平杆设置

（1）纵向水平杆应设置在立杆内侧，单根杆长度不小于 3 跨。

（2）纵向水平杆接长采用对接扣件或搭接，并符合下列规定：

1）两根相邻纵向水平杆的接头不应设置在同跨或同步内。

2）不同步或不同跨两个相邻接头在水平方向错开的距离不应小于500mm。

3）各接头中心点至最近主节点的距离不应大于纵距的1/3。

8. 脚手板铺设

（1）脚手架里排立杆与结构层之间均铺设木板，板宽为200mm，里外立杆满铺脚手板，无探头板。

（2）满铺层脚手片必须垂直墙面横向铺设，满铺到位，不留空位，不能满铺处必须采取有效的防护措施。

（3）本工程脚手板全部采用木料制作，每块质量不宜大于30kg。木脚手板采用杉木或松木制作，其厚度不应小于50mm。脚手片须用18号铅丝双股并联绑扎，不少于4点，要求绑扎牢固，交接处平整。铺设时要选用完好无损的脚手片，发现有破损的要及时更换。

9. 防护栏杆设置

（1）脚手架外侧使用建设主管部门认证的合格绿色密目式安全网封闭，且将安全网固定在脚手架外立杆里侧。

（2）选用18号铅丝张挂安全网，要求严密、平整。

（3）脚手架外侧必须设0.9m高的防护栏杆和30cm高踢脚杆，顶排防护栏杆不少于2道，高度分别为0.9m。

（4）如遇大开间门窗洞等，脚手架内侧形成临边的，在脚手架内侧设1.2m的防护栏杆和30cm高踢脚杆。

10. 连墙件设置

（1）脚手架与建筑物按水平方向3.6m、垂直方向5.4m（即三步三跨）设一拉结点。楼层高度超过4m，则在水平方向加密，如楼层高度超过6m时，则按水平方向每6m设置一道斜拉钢丝绳。

（2）拉结点在转角范围内和顶部处加密，即在转角1m以内范围按垂直方向每3.6m设一拉结点。

（3）拉结点应保证牢固，防止其移动变形，且尽量设置在外架大小横杆接点处。

（4）外墙装饰阶段拉结点，也须满足上述要求，确因施工需要除去原拉结点时，必须重新补设可靠、有效的临时拉结，以确保外架安全可靠。

11. 架体内封闭

（1）脚手架的架体里立杆距墙体净距为200mm，如因结构设计的限制大于200mm的必须铺设站人片，站人片设置平整牢固。

（2）脚手架施工层里立杆与建筑物之间应采用脚手片或木板进行封闭。

（3）施工层以下外架每隔3步以及底部用密目网或其他措施进行封闭。

12. 出入口脚手架设置

出入口脚手架挑空两根立杆、跨越三步三跨。出入口处再搭设防护棚，上铺 5cm 厚的双层脚手板。

在出入口两侧的内、外排单位杆处分别增设一辅立杆，并高于门洞口 1～2 步，立柱用短斜撑相互联系。上方立柱处增加两根斜杆，斜杆与各主节点相交处用扣件固定，洞口上方增设两道横向支撑，应伸出斜腹杆的端部，以保证立柱悬空处的整体性。门洞两侧分别增加两根斜腹杆，当斜腹杆在 1 跨内跨越 2 个步距时，应在相交的大横杆处增设一根小横杆，将斜腹杆固定在其伸出端上，斜腹杆宜采用通长杆件，必须接长时间对接扣件连接。

（七）钢筋工程

（1）钢筋连接：本项目钢筋考虑以直螺纹套筒连接接头为主，ϕ16mm 以下的钢筋采用绑扎接头。

（2）钢材进场后必须对每批材料进行验收，验收标准应符合《混凝土结构工程施工质量验收规范》（GB 50204—2015）规定，按规范取样送检，试验合格后方可使用。

（3）放样：设专职技术员放样，放样严格按设计要求及《混凝土结构工程施工质量验收规范》（GB 50204—2015）规定执行。钢筋配料单经审核无误后方可下料，施工过程中随时注意设计变更、洽商，掌握施工中结构变化情况。

（4）加工：组织加工人员学习规范及标准，详细进行技术及下料原则交底。

（5）按设计要求及《混凝土结构工程施工质量验收规范》（GB 50204—2015）要求，保护层垫层块采用与保护层同厚的砂浆块，强度等于混凝土强度，垫块间距 1000mm，垫于底板下层钢筋部位，底板上层钢筋采用 ϕ25mm 钢筋铁马凳，作为上层钢筋的支托，纵横间距为 1000mm，马凳上的钢筋焊 50mm×50mm×3mm 止水板。根据设计图纸要求，钢筋混凝土保护层厚度符合以下要求：底板钢筋 100mm、壁板钢筋 40mm、顶板钢筋 30mm。

（6）底板钢筋绑扎，先清理垫层上的杂物，用墨线弹出各底板的钢筋位置，按设计的钢筋型号、规格进行布筋、绑扎，中间采用梅花格状绑扎。钢筋绑扎不允许漏扎。

（7）壁板钢筋绑扎必须按垫层弹出的轴线外边线进行绑扎，并搭支架固定，锚入底板内的钢筋位置必须准确。壁板钢筋保护层采用带铁丝砂浆块绑扎于墙板钢筋外侧，间距 1000mm。

（8）钢筋工程质量控制措施。钢筋由钢筋专业技术员翻样，按品种、规格、型号及尺寸，搭接长度、锚固长度、接头类型，绑扎必须符合设计及施工质量验收规范要求。为防止钢筋污染，在竖向钢筋下方 200mm 处包裹塑料布以防水泥浆污染，混凝土浇筑后及时清刷钢筋上的污染物。

（9）爬梯预埋。直埋钢爬梯，爬梯应在壁板钢筋绑扎完毕后立即预埋，与壁板钢筋铁丝绑扎固定，内模支设时，钢模板在爬梯处断开，根据每步距离采用木方开孔将爬梯与壁板垂直段套入，在爬梯两外角插入两通长钢管校正每步爬梯。

（10）对于池壁的预埋套管。当池壁板洞口不大于300mm时，板中钢筋不得切断，绕过洞口配置。

（11）池壁板预埋铁件。对于池壁上预埋铁件，应在其对应壁板模支设加固完毕后，测放人员将铁件位置外框线弹在模板面上，铁件与模板面相对应铁件位置贴紧后电焊点焊固定。

（八）模板工程

1. 模板的选用

本工程主要结构全部采用木模板（15mm厚多层胶合板）进行施工。胶合板胶合紧密，没有剥皮和脱胶现象，表面平整光滑，外形尺寸方正，模板表面涂刷隔离剂。本工程。选用80mm×100mm的木方，作为搭设墙板模板的支撑系统；选用圆钢制作用于墙板模板的对拉螺栓，它既能承受混凝土的侧压力，又能控制墙板模板间的厚度，80mm×100mm木方跟胶合板连接加强模板平整度。

2. 构造形式

墙板侧模支模体系：墙板侧模采用15mm厚胶合板面板及80mm×100mm木方格栅支撑的模板施工工艺。墙板模的两侧模板预先制作成定型模板，然后在墙板中间穿直径14mm的对拉螺栓（中间加60mm×60mm×3mm钢板止水片），对拉螺栓的长度等于墙厚每边加240mm，穿过模板和本方后用螺帽和垫片在两端拧紧加固，上下左右间距为500mm。

3. 模板施工工艺

墙板模板支设顺序为：搭设模板脚手架→铺设楞木（截面尺寸80mm×100mm，木方间距300mm）→铺设组装模板→复核模板平整度及标高。

4. 施工缝的留置

本水池计划分三次浇筑，每道施工缝均按要求设置钢止水板。

5. 池壁模板安装方法及措施、要求

（1）池壁模板安装前将池外搭双排脚手架，内搭满堂脚手架，用架子钢管与木撑固定于脚手架上。

（2）模板竖、横向每500mm打一直径14mm的孔，用于紧固对拉螺栓。池壁模板安装详图及如图11-2所示，对拉螺栓大样图如图11-3所示。

（3）与底板一同浇筑的池壁模板均坐到ϕ25钢筋制成的铁马凳上，马凳间距1000mm。

（4）模板安装前必须将预埋件、钢套管以及预留洞复查准确无误后进行。

（5）胶合板模板周转重复使用时，其板面必须经过清理刷脱模剂后方可使用，模板接缝用封箱带封闭。模板安装允许偏差见表11-1。

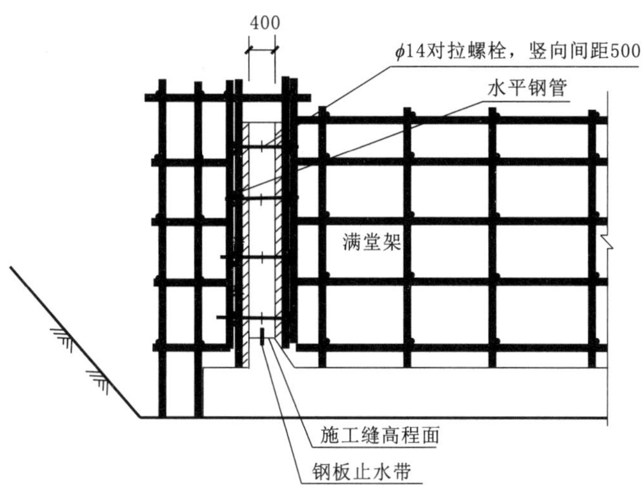

图 11-2　池壁模板安装详图

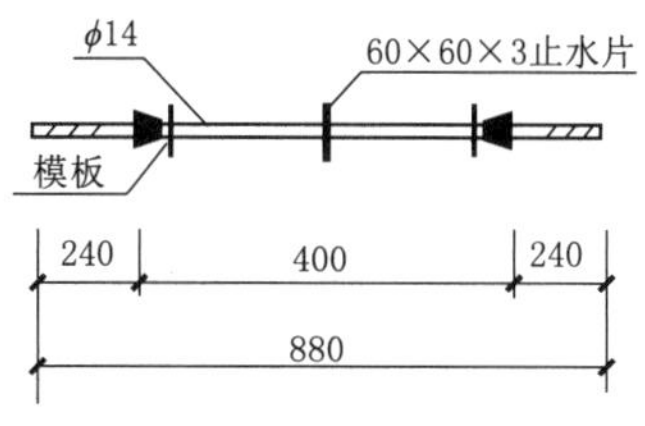

图 11-3　对拉螺栓大样图

表 11-1　　模板安装允许偏差

验收项目及要求		允许偏差/mm
预埋钢板中心线		3
预埋管、预留孔中心线		3
预埋螺栓	中心线	2
	外露长度	10
预留洞	中心线位置	10
	尺寸	10
轴线位置		5
底模上表面标高		±5
截面尺寸	基础	±10
	墙、柱、梁	+4，-5
层高垂直度	层高不大于 5m	6
	层高大于 5m	8
相邻两板表面高低差		2
表面平整度		5

6. 模板拆除

(1) 当混凝土强度能保证其棱角不因拆模而损坏时方可拆除模板，拆除时采用撬棍从一侧顺序拆除，不得采用大锤砸或撬棍乱撬，以免造成混凝土棱角破坏。

(2) 梁、板和悬挑结构的板模板拆除时必须要待拆模试块试验后，且强度达到拆模强度后进行。

(九) 变形缝防水处理

(1) 止水钢板定位：止水钢板放置在外墙中间，安装施工前在钢筋上每隔 3m 左

右做出标记。

(2) 焊接工艺检验：在钢板正式焊接前，应焊接 3 个模拟试件做拉力试验，经试验合格后，方可进行焊接。

(3) 焊接固定：止水钢板位置确定好后，用墙体拉钩筋临时上下夹紧固定，然后进行钢板接缝焊接。用 ϕ12 钢筋固定钢板时应焊接在钢板中间位置，不得在钢板上下端头焊接固定。

(4) 钢板接缝焊接，搭接长度应不小于 30mm，四面满焊。弯曲朝向迎水面。

(5) 暗柱箍筋切断焊接：止水钢板接缝焊好后，将切断的箍筋与钢板焊接，焊接长度不小于 10d（d 为被切断钢筋的直径），将箍筋和钢板焊死。

(6) 转角部位其中一侧的伸出长度不小于 50mm。

(十) 混凝土浇筑

混凝土工程应在钢筋、模板施工完毕且检查验收合格后进行。本工程均采用商品混凝土浇筑。混凝土浇筑前应提前设计混凝土的要求并做好开盘鉴定，浇筑时办理浇筑令，施工时针对到场的混凝土进行坍落度检测，并按要求留置试块，收集相关技术资料质量资料。

1. 混凝土浇筑顺序

为保证混凝土的施工质量、加快施工进度，基础底板混凝土一次浇筑，由一则向另一则后退布料，其浇筑顺序如图 11－4 所示。

当第一组浇筑 3～4m 长时，第二、第三组开始浇筑，保留 3～4m 的流水差，以保证不同标高的浇筑顺序。水池池壁浇筑顺序如图 11－5 所示。

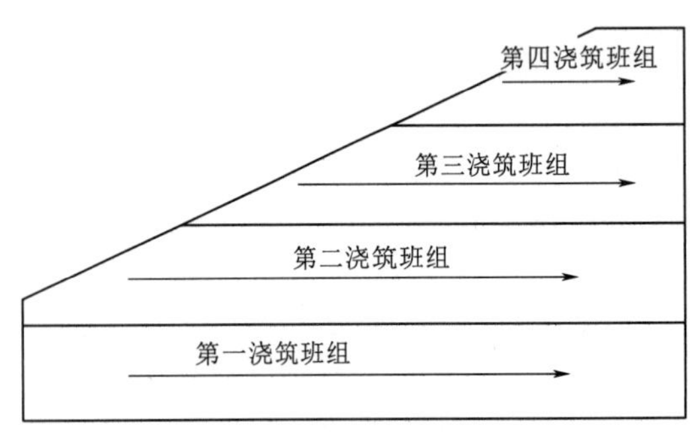

图 11－4　水池底板浇筑顺序

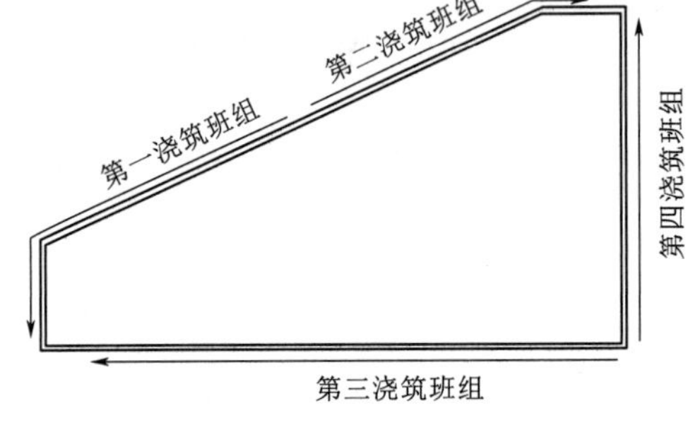

图 11－5　水池池壁浇筑顺序

2. 浇筑振捣工艺

混凝土浇筑遵循“斜面分层、薄层浇筑、循序退打、一次到位、连续施工”的成熟工艺。振捣时重点控制两头，即混凝土流淌的最近点和最远点，振动点振动定时，不漏振，采用两次振捣，以提高混凝土的密实度。在每条浇筑带前、中、后各布置 3 道振动器，第一道布置在混凝土卸料点，振捣手负责出管混凝土的振捣，使之顺利通过面筋流入底层，第二道设置在混凝土的中间部位，振捣手负责斜面混凝土密实，第

三道设置在坡脚及底层钢筋处，因底层钢筋间距较密，振捣手负责混凝土流入下层钢筋底部，确保下层钢筋混凝土的振捣密实。振捣手振捣方向为：下层垂直于浇筑方向自下而上，上层振捣自上而下，严格控制振捣棒移动的距离、插入深度、振捣时间，避免各浇筑带交接处的漏振。振动棒垂直插入，快插慢拔，插点交错均匀布置，在振捣上一层混凝土时，插入下一层5cm左右，以消除两层间的接缝，同时在振上层混凝土时，要在下层混凝土初凝之前进行，振动器在每一插点上的振捣延续时间，以混凝土表面呈水平并出现水泥浆及不再出现气泡，不再明显沉落为度，振捣时间过短，混凝土不易振实，而过长，引起离析。

混凝土振捣时应做到“快插慢拔”。振动棒插入混凝土后，应上下抽动，幅度为5～10cm，以排出混凝土中空气，振捣密实。每点振捣时间一般为20～30s，待混凝土表面呈现水平，不再沉落、不再出现气泡，表面泛出灰浆时，方可拔出振动棒。拔出宜慢，待振动棒端头即将露出混凝土表面时，再快速拔出振动棒，以免造成空腔。

混凝土表面用平板振动器来回纵横振动两次，混凝土表面处理，做到“三压三平”，先按板面标高用铁锹拍板压实，长刮尺刮平，再在初凝前用滚筒碾压数遍，滚压平整，最后在终凝前用“木抹子”打磨压实、铁抹子抹平收光，以防混凝土表面裂缝出现。

浇筑混凝土应连续进行。如必须间歇，其间歇时间应尽量缩短，并应在前层混凝土初凝之前，将次层混凝土浇筑完毕。间歇的最长时间应按所用水泥品种、气温及混凝土凝结条件确定，一般超过2h应按施工缝处理（当混凝土的凝结时间小于2h时，则应当执行混凝土的初凝时间）。

浇筑混凝土时应经常观察模板、钢筋、插筋等有无移动、变形情况，发现问题应立即处理，并应在已浇筑的混凝土前修正完好。

3. 混凝土抗渗施工措施

（1）本工程水池、底版结构混凝土为抗渗P10混凝土。因此保证混凝土的抗渗性能是本工程施工的重点。

（2）本工程混凝土采用商品混凝土，委托生产厂商生产混凝土时需要按设计要求提出混凝土的技术要求（混凝土要求的坍落度、抗压强度、抗渗等级）。

（3）混凝土中水泥用量应严格控制，用量不宜低于400kg/m^3，混凝土抗渗建议在混凝土中掺入TS95硅质Ⅱ型（高效微膨胀型）防水剂，混凝土抗冻建议在混凝土中掺入密实剂。具体掺入外加剂型号、掺量须经商品混凝土供应商经试验确定。

（4）混凝土浇筑完毕后，应根据现场气温条件及时覆盖和洒水养护，养护期不少于14d。

（十一）水池满水试验

水池施工完毕后经28d养护后，进行满水试验，在蓄水试验中进行外观检查，是否有漏水、渗透现象，水池渗水量按池壁和池底的浸湿总面积计算，不得超过2L/(m^2·d)。

（1）蓄水试验的前提条件。池体的混凝土达到设计强度后，回填土以前进行水池蓄水试验。

（2）准备工作。水池蓄水试验前，应做好下列准备工作：

1）将池内清理干净，修补池内外的缺陷，临时封堵预留孔洞，预埋管口及进出水口等。并检查充水及排水闸门，不得渗漏。

2）设置水位观测标尺。

3）标定水位测针。

4）准备现场测定蒸发量的设备。

5）充分的水源应采用清水并做好充水和放水系统的设施。

（3）试验方法。

1）充水。向水池内充水分三次进行，第一次充水为设计水深的1/3；第二次充水为设计水深2/3；第三次充水至设计水深。本工程先充水至池壁底部的施工缝以上，检查底板的抗渗质量，当无明显渗漏时，再继续充水至第一次充水深度。

充水时的水位上升速度不宜超过2m/d。相邻两次充水的间隔时间，不应小于24h。

每次充水宜测读24h的水位下降值，计算渗水量，在充水过程中和充水以后，应对水池作外观检查，当发现渗水量过大时，应停止充水，待作出处理后方可继续充水。

2）水位观测。充水时的水位可用水位标尺测定。充水至设计水深进行渗水量测定时，应采用水位测针测定水位，水位测针的读数精度应达1/1mm。

充水至设计水深后开始进行渗水量测定的间隔时间，应不少于24h。

测读水位的初读数与末读数之间的间隔应为2h。

连续测定的时间可依实际情况而定，如第一天测定的渗水量符合标准，应再测定一天；如第一天测定的渗水量超过允许标准，而以后的渗水量逐渐减少，可继续延长观测。

（4）蒸发量测定。现场测定蒸发量的设备，可采用直径约50cm、高约30cm的敞口钢板水箱，并设有测定水位的测针，水箱应检验，不得渗漏。

水箱应固定在水池中，水箱中充水深度可在20cm左右。

测定水池中水位的同时，测定水箱中的水位。

水池的渗水量按下式计算：

$$q=\frac{A_1}{A_2}[E_1-E_2-(e_1-e_2)] \tag{11-1}$$

式中　q——渗水量（$L/m^2\cdot d$）；

A_1——水池的水面面积，m^2；

A_2——水池的浸湿总面积，m^2；

E_1——水池中水位测针的初读数，即初读数，mm；

E_2——测读 E_1 后24h水池中水位测针末的读数，即末读数，mm；

e_1——测读 E_1 时水箱中水位测针的读数，mm；

e_2——测读 E_2 时水箱中水位测针的读数，mm。

注：当连续观测时，前次的 E_2、e_2 即为下次的 E_1、e_1。

(5) 雨天时，不做蓄水试验、渗水量的测定。

(6) 按式 (11-1) 计算结果，渗水量如超过规定标准，应经检查处理后重新进行测定。

(7) 水池蓄水试验时应做好试验记录，试验合格后，应及时进行池壁外的各项工序及回填土方。

(十二) 水池外防腐施工

1. 防腐设计

池壁外侧地坪以下涂刷环氧沥青漆防腐，防腐厚度不小于 500μm。

2. 施工准备

(1) 材料及要求：环氧沥青防腐涂料，应具有出厂合格证及厂家产品的认证文件，并进行复检合格后方可使用。

(2) 主要用具包括搅拌桶、小铁桶、小平铲、塑料或橡胶刮板、滚动刷、毛刷、弹簧秤、消防器材等。

(3) 作业条件：

1) 涂刷防腐沥青的基层含水率低于 9%。

2) 涂刷前应将涂刷面上的尘土、杂物清扫干净。

3) 涂刷不得在淋雨的条件下施工，施工的环境温度不应低于 5℃，操作时严禁烟火。

3. 操作工艺

(1) 工艺流程：基层清理→涂刷 4～7 遍→达到图纸厚度要求。

根据防腐涂料涂刷要求和工程经验，500μm 防腐需刷 7 遍（2 遍厚浆、4 遍底漆、1 遍面漆），厚浆型环氧沥青用量为 360g/m^2，厚度为 100μm；环氧沥青底漆用量为 300g/m^2，厚度为 70μm；稀释的环氧沥青漆用量 220g/m^2，厚度为20～30μm。

(2) 基层处理：涂刷施工前，先将基层表面的杂物清扫干净，并用干净的湿布擦一次，经检查基层无不平、空裂、起砂等缺陷，方可进行下道工序。

(3) 环氧防腐施工：涂刷第一道防腐涂料，形成涂膜后，先检查有没有气孔或气泡，如有气孔或气泡，则局部补刷，直至没有任何气孔或气泡，才可涂刷第二道。涂刷第二道与第一道的时间间隔一般不小于 24h，不大于 72h。第三道涂膜的涂刷方法与第二道相同，但涂刷方向应与其垂直。按此方法涂刷，直至涂膜达到设计要求的厚度。

(十三) 土方回填

水池满水试验合格后，按设计要求进行水池防腐处理，这些工作完成后要立即进行土方回填，这时池内试水用的水必须保留在水池中，不得擅自排除，因为此时回填土前要将降水设备拆除。如此时突然降雨，地下水位升高，有可能造成水池漂浮的事故产生，因此，在水池没有回填完成前，水池内不可空载。

1. 工艺流程

土方回填工艺流程为：基坑底地坪清理→检验土质→分层铺土→分层碾压密实→检验密实度→修整找平验收。

2. 工艺要求

回填土的压实系数符合设计要求。

3. 施工方法

（1）填土前将散落的松散土、砂浆、石子、建筑垃圾等杂物清除干净。如有积水应晾干，经验收合格后方可回填。土源采用开挖处的土方。

（2）回填土每层至少夯打三遍。打夯一夯压半夯，夯夯连接，纵横交叉，防止漏压或漏夯，并且严禁使用“水夯”法。长宽比较大时，填土应分段进行。上下层错缝距离不应小于 1m。对于阴阳角等打夯机夯不到的边角部位，采用人力夯，不得漏夯。

（3）人工夯填土时，要两人扶夯，举高不小于 0.5m，一夯压半夯，夯夯相接，行行相连，每一遍夯与前一遍夯要纵横交叉，先夯四边，再夯中间，每层打夯不小于三遍。根据现场实际情况所定。

（4）机械打夯时，使用蛙式打夯机，依次夯打，均匀分布，不留间隙。回填土每层至少夯打三遍，打夯应一夯压半夯，穷夯相接，行行相连，纵横交叉。蛙式打夯机每层铺土厚度为 200～250mm，每层铺摊后，随之耙平。根据现场实际情况所定。

（5）回填全部完成后，表面应进行拉线找平，凡超过标准高程的地方，及时依线铲平；凡低于标准高程的地方，补土找平夯实。回填土在相对两侧或四周同时进行回填土时从每段的地势最低的部位开始，由一端向另一端，自下而上铺填。深浅坑相连时，应先填深坑，相平后与浅坑全面分层填夯。

（6）回填土每层夯实后，进行环刀取样。测出干土的质量密度，达到要求后再铺上一层土。中间每层顶面必须清理干净方可继续回填，填土全部完成后，在表面拉线找平，凡高出允许偏差的地方，及时依线铲平；凡低于规定标高的地方应补土夯实。

第三节　公用工程水池施工技术总结

一、地下式钢筋混凝土水池施工工艺优点分析

本章介绍的钢筋混凝土水池施工工艺属于目前该类构筑物的主流施工工艺，是较为成熟的施工工艺，施工人员对各工序流程较为熟悉，在施工过程中不宜发生重大质量问题，可保障施工质量。

施工过程中采用的放坡开挖加喷锚支护的施工工艺，在保障安全的前提下，有利于节省工程成本；水池变形缝及施工缝位置应用了止水带和止水钢板，极大地优化了施工工艺、降低整体施工难度、提高工程建设进度；基坑轻型井点降水法的应用，有效节省了现场排水的人力及设备的投入，而且确保了现场作业环境的干燥。综合以上

分析，此类施工工艺在钢筋混凝土水池的施工过程中占据明显的高效优越性。

二、地下式钢筋混凝土水池施工工艺缺点分析

地下式钢筋混凝土水池施工工艺技术在具有诸多优点的同时，也存在不足，正视施工工艺的缺点，制定合理有效的应对措施，才能保障整个工程建设的质量。

该类水池公用工程选用的施工工艺存在以下缺点：

(1) 水池渗漏风险，因钢筋混凝土主体不具备延展性，容易产生裂缝，造成渗漏。

(2) 止水钢板及止水带因埋设位置偏差及接头部位断裂，可造成池体渗漏。

(3) 基坑放坡开挖占用场地较大，局限性较大，且造成材料水平运输距离加大。

(4) 水池外部涂刷环氧防腐漆易造成环境污染。

三、经验及体会

目前，水池类构筑物的建设应用中，钢筋混凝土水池因耐久性强、后期维护成本低廉等特点被广泛应用。广东石化炼化一体化项目公用工程水池施工经验如下：

(1) 工程建设前期，整个基坑的开挖方式需根据现场的施工场地、土质情况等因素综合考虑，制定科学合理的支护方案，在确保安全的前提下，达到最优经济效益。

(2) 抗渗防漏作为整个工程建设的首要质量目标，需要制定针对性较强的质量管控措施，对于混凝土、止水带、止水钢板等关键工序的严格控制是确保水池防渗漏的有力保障。

(3) 对于在蓄水试验过程中出现的渗漏情况，要根据现场的实际情况，逐各分析，结合以往工程案例，据实制定高效合理的封堵方案。

(4) 对于水池结构中易渗漏的部位，可以考虑增加外部防水措施，如在迎水面增加卷材类防水工序等。

总结来说，水池类工程的施工，应当在前期合理规划施工场地及工期计划，在施工过程中严格把控各工序的施工质量，主体施工完成后，对于缺陷部位制定科学有效的处理补救措施，通过各环节的紧密配合，最终才能建成高质量、高标准的合格工程，也才能达到最优经济效益。

参考文献

[1] 邱泽东．建筑工程施工中基坑井点降水工程的施工与管理［J］．建筑技术开发，2021，48（4）：32－33.

[2] 陈启斌．基坑降水技术在建筑工程施工中的应用探索［J］．建材与装饰，2020（4）：17－18.

[3] 吴丽华，曹昕．钢板桩与组合钢管内支撑在大跨度深基坑施工中的应用［M］．北京：建筑技术，2012，43（3）：236－238.

[4] 杨建伟．长青沙二桥主墩承台钢板桩围堰设计与施工技术［M］．南京：科技展望，2015：154.

[5] 马淑杰．浅谈大体积混凝土的养护［M］．河北：河北工程技术高等专科学校学报，2007（1）：26－27.

[6] 朱伯芳．大体积混凝土温度应力及温度控制［M］．北京：中国电力出版社，1998.

[7] 何玉林．高大模板支架稳定承载力的影响因素分析［J］．北京：建设科技，2014（12）：95－96.

[8] 孟健，奚庆，刘增辉，等．高支模施工在土建施工中的应用研究［J］．居舍，2019（27）：70.

[9] 洪和发．混凝土现浇筑矩形水利渠道的施工工艺研究［J］．郑州：河南水利与南水北调，2017（11）：3.

[10] 尹超．化工工艺管道设计、安装与维护研究［J］．工程技术，2021，6（14）：127－128.

[11] 杨永会．石油化工工程中工艺管道安装施工存在的问题与对策［J］．中国石油和化工标准与质量，2012（11）：203.

[12] 郑青．论市政管道施工技术要点及质量控制［J］．城市建筑，2011（32）：5.

附录一
施工大事记

一、炼油区第二循环水场工程

1. 2020 年 8 月 8 日，项目开工。
2. 2021 年 2 月 28 日，机柜间封顶。
3. 2021 年 5 月 27 日，冷却塔全部封顶。
4. 2022 年 4 月 30 日，项目完工，进行中期交工。

二、260 万 t/a 芳烃联合装置一标段土建项目

1. 2020 年 7 月 25 日，项目开工。
2. 2021 年 1 月 22 日，变电站封顶。
3. 2021 年 2 月 1 日，机柜室封顶。
4. 2022 年 4 月 24 日，变电站一次受电成功。
5. 2022 年 6 月 29 日，项目完工，进行中期交工。

三、厂前区生产管理楼和宿舍楼工程

1. 2020 年 8 月 5 日，项目开工。
2. 2021 年 1 月 19 日，生产管理楼封顶。
3. 2021 年 1 月 22 日，综合宿舍楼封顶。
4. 2021 年 12 月 31 日，消防验收完成。
5. 2022 年 1 月 22 日，项目完工，进行中期交工。

四、化工区围墙及挡土墙工程

1. 2020 年 8 月 8 日，项目开工。
2. 2021 年 10 月 29 日，实体围墙砌筑完成。
3. 2021 年 12 月 3 日，项目完工，进行中期交工。

五、化工区雨水收集池土建及安装工程

1. 2020年12月1日，项目开工。
2. 2021年3月28日，雨水收集池池体结构完成。
3. 2021年3月30日，事故水转输池池体结构完成。
4. 2022年4月20日，项目完工，进行中期交工。

六、60万t/a ABS及其配套工程管公辅工程

1. 2020年12月12日，项目开工。
2. 2021年2月9日，废固暂存库封顶完成。
3. 2021年2月27日，备品备件库封顶。
4. 2021年12月13日，项目完工。

七、炼油区供电照明工程

1. 2021年5月11日，项目开工。
2. 2022年1月29日，炼油区第三循环水场投用。
3. 2021年2月28日，一联合变电站、三联合变电站、四联合变电站投用。
4. 2022年7月30日，项目中期交工。

附录二
主要技术成果

一、主要技术成果概述

项目部依托所承担项目，取得以下科技成果如下：

（1）获评四项集团工法，即薄壁混凝土高墙一次成型浇筑施工工法、深基坑支护钢板桩施工工法、危大模板工程满堂脚手架施工工法、石化工程工艺管道安装施工工法。

（2）获评一项水利水电工程建设工法，即薄壁混凝土高墙一次成型浇筑施工工法。

（3）一项实用新型专利，即冷却塔风筒 LT 型吊装夹具。

（4）发表九篇论文，即《水池薄壁混凝土高墙一次成型浇筑施工》《高支模施工技术在炼油第二循环水场的应用》《浅析拉森钢板桩与基坑喷锚复合支护形式的应用》《基础井点降水技术在粉细砂层中的应用实践》《钢筋混凝土结构水池渗漏修补技术研究》《给排水管网地下井室渗漏处理措施的研究和应用》《关于深基坑支护施工技术在土建施工中的应用探究》《建筑工程悬挑扣件式钢管脚手架施工技术》《建筑土建工程施工中节能施工技术要点分析》。

二、主要技术成果相关材料

1. 四项集团工法和一项水利行业工法

中国安能建设集团有限公司 2021 年度和 2022 年度工法示例见附图 1、附图 2，工法证书示例见附图 3。

2. 九篇论文

（1）《水池薄壁混凝土高墙一次成型浇筑施工方案》，2021 年 12 月在《水利水电快报》（第 42 卷增刊）发表。

（2）《高支模施工技术在炼油第二循环水场的应用》，2021 年 12 月在《人民长江》第 52 卷增刊（2）发表。

（3）《浅析拉森钢板桩与基坑喷锚复合支护形式的应用》，2022 年 6 月在《人民黄河》第 44 卷增刊（1）发表。

序号	工法名称	完成单位	主要作者	备注
1	高原高海拔油气管道冻土开挖施工工法	中国安能集团第一工程局有限公司	李志鹏 刘其森 陈 雷 项正军 陈子银	
2	小型混凝土预制件生产工法	中国安能集团第一工程局有限公司	刘其森 白文军 韩 杰 王文静 马嘉琦	
3	预制板与混凝土网格梁复合衬砌护坡逆序施工工法	中国安能集团第一工程局有限公司	韩永席 卓战伟 张陶陶 刘其森 黄志驹	
4	现浇混凝土曲线箱型桥梁桩基施工工法	中国安能集团第一工程局有限公司	叶晓培 梁龙群 莫周骆 杨 扬 张喜春	
5	短距离复杂地质条件下顶管施工工法	中国安能集团第一工程局有限公司	罗小生 杨 明 刘 燊 马少真 覃柏钧	
6	深基坑支护钢板桩施工工法	中国安能集团第一工程局有限公司	田战锋 马文波 李 力 张义超 郭世强	
7	危大模板工程满堂脚手架施工工法	中国安能集团第一工程局有限公司	田战锋 吴维明 岳 耕 赵 灿 王 健	
8	薄壁混凝土高墙一次成型浇筑施工工法	中国安能集团第一工程局有限公司	田战锋 赵志旋 李 力 周 强 李燕楠	

附图 1 中国安能建设集团有限公司 2021 年度工法示例

序号	工法名称	完成单位	主要作者	备注
1	混凝土面板堆石坝超长面板施工工法	中国安能集团第一工程局有限公司	卓战伟 梁龙群 田战峰 王 志 黄志驹	
2	小断面隧洞自行式台车开挖施工工法	中国安能集团第一工程局有限公司	宗 剑 刘其森 张 超 孔庆民 张胜强	
3	不良地质隧洞洞脸内辅钢筋笼管棚超前支护施工工法	中国安能集团第一工程局有限公司	钱 伟 王晓龙 王舜立 刘其森 赵俊磊	
4	石化工程工艺管道安装施工工法	中国安能集团第一工程局有限公司	吴维明 田战锋 王 志 蒋昊楠 高淑萍	
5	城镇排水管道非开挖性紫外光固化内衬修复施工工法	中国安能集团第一工程局有限公司	周云川 高 彬 符庆锐 杨应埗 蒋海霞	
6	城镇排水管道非开挖性树脂点状修复施工工法	中国安能集团第一工程局有限公司	王勇强 刘世祥 张 宇 王文静 覃柏钧	
7	大型超深抗滑桩施工工法	中国安能集团第一工程局有限公司	杨 扬 吴永乐 张高举 陈 铮 李用祥	

附图 2 中国安能建设集团有限公司 2022 年度工法示例

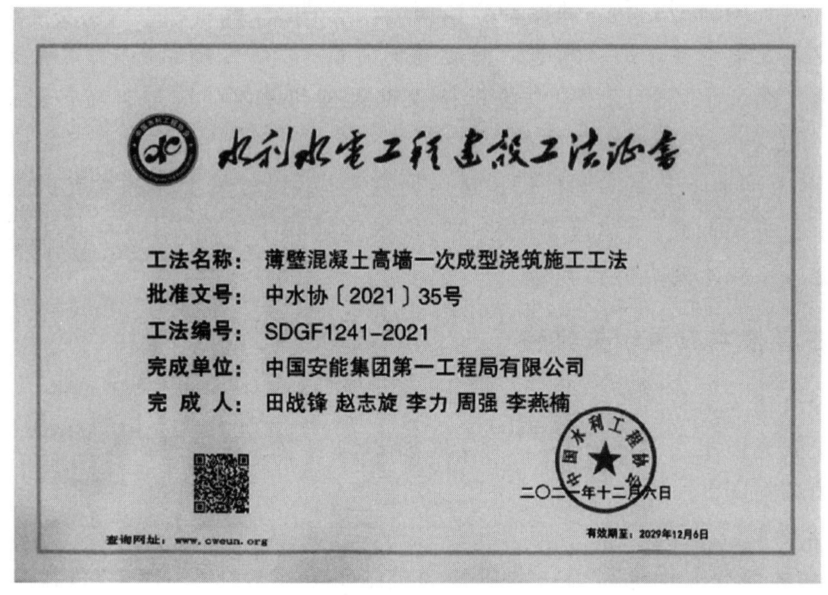

水利水电工程建设工法证书

工法名称：薄壁混凝土高墙一次成型浇筑施工工法
批准文号：中水协〔2021〕35号
工法编号：SDGF1241-2021
完成单位：中国安能集团第一工程局有限公司
完 成 人：田战锋 赵志旋 李力 周强 李燕楠

二〇二一年十二月六日

查询网址：www.cweun.org
有效期至：2029年12月6日

附图 3 工法证书示例

(4)《钢筋混凝土结构水池渗漏修补技术研究》，2022 年 10 月在《红水河》第 5 期发表。

(5)《基础井点降水技术在粉细砂层中的应用实践》，2021 年 12 月在《水利水电快报》(第 42 卷增刊) 发表。

(6)《给排水管网地下井室渗漏处理措施的研究和应用》，在《红水河》2022 年第 5 期发表。

(7)《关于深基坑支护施工技术在土建施工中的应用探究》，2020 年 10 月在《工程技术》发表。

(8)《建筑工程悬挑扣件式钢管脚手架施工技术》，2020 年 11 月在《科学与技术》第 28 卷 32 期发表。

(9)《建筑土建工程施工中节能施工技术要点分析》，2020 年 11 月在《科学与技术》第 28 卷 32 期发表。

3. 一项实用新型专利——冷却塔风筒 LT 型吊装夹具

专利证书见附图 4。

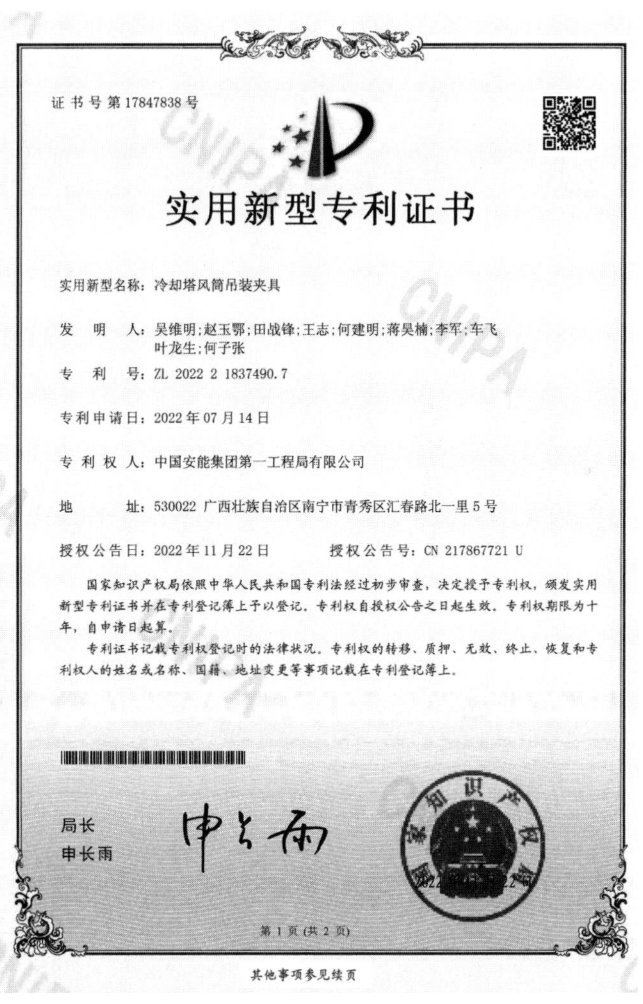

证书号第17847838号

实用新型专利证书

实用新型名称：冷却塔风筒吊装夹具

发　明　人：吴维明；赵玉鄂；田战锋；王志；何建明；蒋昊楠；李军；车飞；叶龙生；何子张

专　利　号：ZL 2022 2 1837490.7

专利申请日：2022 年 07 月 14 日

专 利 权 人：中国安能集团第一工程局有限公司

地　　址：530022 广西壮族自治区南宁市青秀区汇春路北一里 5 号

授权公告日：2022 年 11 月 22 日　　授权公告号：CN 217867721 U

国家知识产权局依照中华人民共和国专利法经过初步审查，决定授予专利权，颁发实用新型专利证书并在专利登记簿上予以登记。专利权自授权公告之日起生效。专利权期限为十年，自申请日起算。

专利证书记载专利权登记时的法律状况。专利权的转移、质押、无效、终止、恢复和专利权人的姓名或名称、国籍、地址变更等事项记载在专利登记簿上。

局长
申长雨

第 1 页（共 2 页）

其他事项参见续页

附图 4　专利证书